蜂王浆的研究与养生妙用

张晓峰◎著

中医古籍出版社
Publishing House of Ancient Chinese Medical Books

图书在版编目(CIP)数据

蜂王浆的研究与养生妙用 / 张晓峰著. -- 北京 : 中医古籍出版社, 2025.3

ISBN 978-7-5152-2815-0

Ⅰ. ①蜂… Ⅱ. ①张… Ⅲ. ①蜂乳-保健-基本知识 Ⅳ. ①S896.3

中国国家版本馆 CIP 数据核字(2024)第 056730 号

蜂王浆的研究与养生妙用

张晓峰　著

策划编辑　刘　婷

责任编辑　刘　婷

封面设计　墨知缘

出版发行　中医古籍出版社

社　　址　北京市东城区东直门内南小街 16 号(100700)

电　　话　010—64089446(总编室) 010—64002949(100700)

网　　址　www. zhongyiguji. com. cn

印　　刷　北京荣泰印刷有限公司

开　　本　710mm×1000mm　1/16

印　　张　12

字　　数　200 千字

版　　次　2025 年 3 月第 1 版　2025 年 3 月第 1 次印刷

书　　号　ISBN 978-7-5152-2815-0

定　　价　76.80 元

人生掠影

2016年9月，张晓峰先生应邀参加第十三届科学家论坛颁奖晚会

2017年4月，张晓峰先生应邀参加第十四届中国诚信企业家大会

2016年12月，张晓峰先生应邀参加中国健康管理与促进大会

2017年12月，张晓峰先生应邀参加第55届世界传统医学大会

2018年5月，张晓峰先生应邀参加“一带一路”——德国第49届国际中医药学术交流大会

2018年9月，张晓峰先生应邀参加健康文化大会暨中医药、民族医药科普创新论坛

2018年8月，张晓峰先生应邀参加“一带一路”——中俄中医药国际论坛

2018年10月，张晓峰先生应邀参加第十九届世界知识论坛暨第二届潘基文可持续发展大讲坛

2018年12月，张晓峰先生应邀参加第二届精准医疗&医养结合国际高峰论坛

2019年1月，张晓峰先生应邀参加全球中小企业长安

张晓峰先生接受中央电视台采访

张晓峰先生接受中国经济网专访

传承交流

张晓峰先生与恩师“国医大师”唐祖宣合影

张晓峰先生与“国医大师”李佃贵合影

张晓峰先生与“国医大师”沈宝藩合影

张晓峰先生与“国医大师”李业甫合影

张晓峰先生与“国医大师”王琦合影

张晓峰先生与“国医大师”徐经世（前排中）、中国保健协会副理事长周邦勇（前排右）合影

张晓峰先生与中国蜂产品协会会长杨荣合影

张晓峰先生与中国蜂产品协会常务副会长赵小川（中）合影

张晓峰先生与中国蜂产品协会蜂胶专业委员会主任委员吕泽田合影

张晓峰先生与中国养蜂协会副理事长、国家蜂产业技术体系岗位科学家、安徽农业大学蜂业研究所所长、教授、博士生导师余林生（左1），中央组织部“千人计划”国家特聘专家、教授姜潮（左2），天津药物研究所研究员、天津医科大学硕士生导师、享受国务院特殊津贴专家张铁军（右1）合影

张晓峰先生与中国养蜂学会副理事长、中国蜂产品协会副会长、国家蜂产业技术体系岗位科学家、浙江省蜂业协会理事长、浙江大学动物科学学院教授胡福良合影

张晓峰先生与日本清水蜂胶协会会长清水俊有合影

张晓峰先生与韩国养蜂协会会长黄协周合影

张晓峰先生与韩国蜂疗保健研究会会长高祥纆（中）、韩国养蜂协会前会长郑海云（右）合影

张晓峰先生与韩国养蜂农业协会经济常务金汉九（左）、韩国养蜂农业协会经济事业部总务课长郑志薰（中）合影

张晓峰先生与韩国蜂产品企业负责人合影

张晓峰先生与波兰蜂产品企业负责人合影

张晓峰先生与巴西蜂产品企业负责人合影

基地考察

张晓峰先生在云南大理无量山蜂场

张晓峰先生在云南普洱万亩茶园

张晓峰先生在云南西双版纳原始森林

张晓峰先生与蜂农合影

张晓峰先生在云南楚雄蜂场

张晓峰先生在云南普洱万亩茶园蜂场

序

我国幅员辽阔，粉源植物和蜂种资源丰富，养蜂及蜂产品的应用历史悠久。近百年来随着活框饲养蜜蜂技术的传入和推广，我国蜂业不仅在养殖蜂群方面有着快速的发展，而且蜂群数量、蜂产品产量以及出口的产品种类和数量都位居世界前列，尤其蜂王浆占世界产量的90%以上，其产品科研成就举世瞩目。随着国民生活水平不断提高，保健意识不断增强，蜂产品已逐步进入千家万户，为国民的大健康建设正在发挥着显著作用。

由张晓峰先生所著的《蜂王浆的研究与养生妙用》一书问世，恰逢其时，为广大的蜂王浆消费者提供了学习和实践的理论依据，从而确保广大消费者理性消费、科学消费蜂王浆。该专著从蜂王浆的发现、研究历史和进展、生产技术、营养成分、应用功效等知识点进行了系统的介绍，其中把蜂王浆的生物学特性对人体生理机能的调节，提高免疫力的作用，对亚健康体况的调理、滋养，以及对疾病的治疗效果进行了重点概述。同时作者怀仁爱之心，还从消费者的角度出发，把消费者经常遇到的对新鲜蜂王浆或制品的疑虑，用通俗的语言，就如何评价和辨别蜂王浆的品质、科学储存和食用方法等知识点呈现出来。该著作对于广大的蜂产品消费者和营销人员具有切实的可读性、实用性和指导性。

承蒙作者张晓峰先生之邀，本人特欣然命笔为之作序以表祝贺，且也向消费蜂王浆产品的千万朋友推荐。

国家蜂产业技术体系原岗位科学家
云南省蜂业协会原会长
云南农业大学东方蜜蜂研究所原所长
云南农业大学蜂学专业创始人、教授 **和绍禹**

2023 年冬于昆明

前　言

自古以来，蜜蜂就与人类有着密切的联系。它们是自然界中的勤劳者，为花朵授粉，生产出健康美味的蜂产品，为人类带来了经济和健康上的益处。蜂蜜、蜂王浆、蜂胶、蜂毒、蜂蜡等种类繁多的蜂产品，不仅是大自然赋予我们的珍贵礼物，而且对人类健康发挥着极其重要的作用。在本书中，我们将深入探讨的是蜂王浆这一天然珍品。

中国对蜂王浆的研究源远流长，其养生妙用自古以来更是广泛流传。早在两千年前，中国古代的医者便已开始研究蜂王浆的神奇功效。在葛洪的《神仙传》及汉代的一些竹简中，还有关于蜂王浆的文字记载。这些古籍中，不乏对蜂王浆的赞美之词，明确了它具有使人精力充沛、延长寿命的作用。这不仅体现了古人对蜂王浆的重视，更为我们今天研究蜂王浆提供了宝贵的史料。

蜂王浆是蜜蜂幼虫前三日龄和蜂王终身的食物。只食用三天蜂王浆的普通工蜂，其寿命约为30～60天，而终身服用蜂王浆的蜂王，寿命一般为3～5年，最长的甚至可以达到9

年。仅仅是否一直长期食用蜂王浆这一因素，就让两者寿命就有如此巨大的差距，可见蜂王浆这一物质的神奇之处。

蜂王浆作为一种天然的滋补品，含有多种营养成分，包括蛋白质、氨基酸、维生素、矿物质、酶类和生物活性物质等。这些丰富的营养物质使蜂王浆具备了增强免疫力、调节内分泌、抗菌消炎等多种作用，对于预防和治疗各种疾病具有独特的效果。

在本书的编写过程中，笔者参考了大量的相关文献和资料，力求内容科学、准确、全面；同时，也结合了自己的实践经验和专业知识，希望能为读者提供实用的指导和建议。

最后，感谢每一位阅读本书的朋友。希望通过这本书，能让您更加深入地了解蜂王浆的魅力，为自己和家人的健康带来更多的益处。

本书内容仅为大家学习和了解蜂王浆这一物质提供参考，不作为临床疾病治疗的方法。如需治疗疾病，请咨询专业医生或到正规医疗机构就诊。

目 录

第一章

认识“长寿因子”蜂王浆

第一节 蜂王浆是什么

自古以来，人们一直赞誉蜜蜂为“健康之友”，那是因为蜜蜂产品能够治疗人类许多常见病和疑难顽疾，使人们从中获得健康和长寿。人类利用蜂产品治疗疾病的历史源远流长，在我国古代医籍中有许多关于蜂产品治疗疾病的记述。近几十年来，世界各国学者对蜂蜜、蜂王浆、蜂胶和蜂毒等蜂产品做了化学、药理及临床应用方面的大量研究和实验，证实蜂产品在食疗和医疗中的确有着神奇的功效，堪称“绿色食品”和“天然药库”。

我国自古就有药食同源的养生文化。蜂产品在中医领域属于“药食同源”，它既是食品也是药品，其功效价值不低于任何保健品。更重要的是，蜂产品皆为纯天然物质，它的营养成分有利于人体健康。

蜂产品，包括蜂蜜、蜂花粉、蜂王浆、蜂胶、蜂蜡、蜂巢等，是蜜蜂采集植物的花蜜、花粉、树脂，混以自身的分泌物，经简单加工而成的天然产品。它取自天然，无污染和毒害，又有许多逐渐被发现和验证的营养保健功能，因而受到越来越多消费者的喜爱。尤其是蜂王浆，因其特有的营养价值和滋补作用，被誉为全球公认的“健康长寿因子”。

蜂王浆又称蜂皇浆、蜂乳、蜂王乳等，是蜂群中 6 ~ 12 日龄工蜂的王浆腺、咽腺等的分泌物。新鲜蜂王浆（图 1 - 1）是呈乳白色或淡黄色的黏稠液体，黏滞性强，具有微香微甜味，并附有微酸、微涩、微辣的特殊味道。

图 1 - 1　鲜蜂王浆

蜂王浆是供给将要变成蜂王的幼虫的高级食物，也用于饲喂蜂王幼虫房内或 3 日龄以内的工蜂、雄蜂幼虫。工蜂和雄蜂三日龄以后，以食用蜂蜜和蜂花粉的混合物等蜂粮为主。蜜蜂在生产季节，由于日夜忙碌，十分辛苦，一般寿命只有 40 ~ 50 天。而每天以蜂王浆为食的蜂王，一生都在繁育后代却十分健康，寿命可达五六年，一些蜂王寿命甚至长达 10 年。遗传物质几乎完全相同的两个个体，由于后天食物的差异，寿命竟然相差 40

倍以上，这在整个生物界中都是绝无仅有的。因此，蜂王浆也被人们称为“长寿药”“长寿品”，还是国内外养生领域、医学领域都公认的自带“生命长寿因子”的滋补品。

自 20 世纪中叶科学家对蜂王浆的化学组成进行深入分析研究以来，发现蜂王浆是一种十分复杂的天然产品。新鲜蜂王浆中含有蛋白质、糖类、脂肪酸、氨基酸、维生素、微量元素，以及有机盐、无机盐、酶、激素等 140 多种生物活性物质，这包含了生物生长发育所需要的全部营养成分。

这些丰富的活性营养物质，使蜂王浆同时具备多种对人类健康有益的功效。蜂王浆中含有的乙酰胆碱，能使机体神经恢复正常，辅助治疗心血管病等；蜂王浆中富含维生素 B 和优质蛋白质，以及含杀菌力强的王浆酸，能够辅助治疗癌症等；蜂王浆有促进造血功能的作用，对发育中的少年儿童可增加血红蛋白，促进生长，提高抗病力；蜂王浆含有丰富的泛酸，能够辅助改善风湿症和关节症状；蜂王浆含类胰岛素，糖尿病患者食用，能够收到非常理想的效果；蜂王浆可强化肾上腺皮质机能，调节体内激素平衡，有利于治疗更年期综合征和慢性的前列腺炎症；蜂王浆能增强人的基础体力，使衰老组织活化，能增进食欲，改善精神状态；蜂王浆所含肽与蛋白质类保健因子，可促进智力发育，提高记忆力；蜂王浆含蛋白质，服用后随血液循环全身，有助于皮肤组织机能恢复活力；蜂王浆含多种无机盐，能促进肝糖释放，促进代谢，因而可以美容，消除斑纹。

由此可见，蜂王浆作为蜜蜂生命的精华，有着极强的保健功能和神奇的医疗作用，是一种成分丰富、营养价值高、药理作用强的药食同源型天然食品。

第二节　蜂王浆的研究历史

作为大自然的天然产物，蜂王浆（图1－2）在地球上已经存在了亿万年之久，直到20世纪中期才被人所认识，经过几十年的研究和实践，蜂王浆的成分、功效等不断被发现和证明，提高免疫力、美容养颜、促进组织再生、抗衰老等作用不断被科学验证，这种天然物质为世界上成千上万人的健康作出了贡献，是蜜蜂王国献给人类的促进健康的珍贵礼物。

图1－2　蜂王浆

一、国外对蜂王浆的研究

早在公元前400年，希腊贵族就发现了蜂王浆的存在。蜂王浆的医疗功效在民间医学中已流传了好几百年。在俄国亚历山大大帝的记录中和意大利马可·波罗的游记里，都有关于蜂王浆作用的描述。在《圣经》《古兰经》《犹太法典经》中也有关于蜂王浆的记载。在德国、英国、古埃及等国历史上也都有民间用蜂王浆防治疾病的传说。

公元1888年，德国化学家普兰塔（A. Von. Planta）才第一个对蜂王浆的组分做了一般性研究，即对蜂王浆中的水分、蛋白质（含氮物）、脂肪和糖类四大营养成分做了分析和研究。到1921年，德国化学家朗格（D. J. Lange）发现蜂王浆是由5～15日龄的工蜂头部营养腺分泌出来的一种物质，自此人们开始了探讨蜂王浆的奥秘。

关于蜂王浆的新用途的研究，是从一位加拿大养蜂家在无意中的发现开始的。20世纪20年代，他在一个没有蜂王的蜂群中检查到四个急造王台，顺手摘除3个，让母鸡啄食。结果这只母鸡第二天产下了一只异乎寻常的大蛋，从而引起了科学家们的注意。法国养蜂家弗郎赛·德贝尔伟费从1933年起，对蜂王浆做了多年研究，发现蜂王浆有“返老还童”作用。1953年，德国学者卡尔斯路最先发现蜂王浆的奇特功能，他认为：“蜂王浆对老年人的精神平衡和内分泌功能紊乱极具功效。”自此之后，学者们对蜂王浆的强精、延年益寿等作用陆续提出了许多研究报告，并证明确实有效。

有关蜂王浆的最早论述，可见于1922年索尔蓬纳大学R. 绍维安教授的著作之中。但是，蜂王浆具有明显药理效应受到广泛注意和出名而轰动于世则是20世纪50年代的事情。特别是1954年，82岁高龄的罗马教皇皮奥十二世卧床不起，生命垂危，他的主治医生加利亚基里西采用蜂王浆治疗（服食）后，将他从哮喘恶化、极度瘦弱和衰竭的状态中解救出来，奇迹般地转危为安，并以惊人的速度恢复了健康。第二年，他的主治医生在罗马举行的一次国际学术会议——国际理论生物进化会议上公开了这一情况，引起了与会代表的极大关注。1956 年，死里逃生的教皇亲自参加了在维也纳举行的第十六届国际养蜂会议，介绍了自己服用蜂王浆、恢复健康的亲身体验。这样，蜂王浆就受到渴望健康的人们的热切关注。在这次会议上，希腊、英国和意大利的代表还宣读了他们对蜂王浆的研究应用报告，就引起更多国家的重视。与此同时，苏联公众卫生局也公开发表这样的事实：苏联百岁的长寿者们，多数是养蜂家。日本医学博士森下敬一曾多次调查高加索地区的格鲁吉亚、亚美尼亚、阿塞拜疆的长寿村，访问过基辅、弟比里斯的长寿学研究所，并和专家们交换了意见，了解到：作为延缓衰老的药用食物，在当时这个领域的专家们是非常重视蜂王浆疗法的。1958 年，法国的 B. 戴拜尔福伍的专著《蜂王浆》问世，介绍了经临床试用证明蜂王浆对神经衰弱、体虚、老年病、发育异常都具有疗效。

据日本学者井上丹治介绍，自 1959 年从欧美传来了蜂王浆制剂后，日本制药会社对蜂王浆很重视，成了广播、电视宣传的热点，仅仅一年时间就得到普及。正在这时，一些原因不明的疑难病，医生用蜂王浆却能把它医好，于是蜂王浆的名声就提高了，市场上迅速增加了对蜂王浆的需求。制药会社把蜂王浆作为药物出售，但日本自产蜂王浆非常少，不能满足国内消费需要，主要从我国进口。日本应用蜂王浆有 50 年之久，给日本人民带来了健康长寿。2020 年日本男性平均寿命 81. 56 岁，女性平均寿命 87. 71 岁，多年来稳居世界之首。人口只有中国 1/14 的日本其人民为何能如此高寿？除非常重视体育锻炼和合理膳食外，主要原因是食用蜂王浆非常普及。正如玉川大学教授所说：“30 多年来，日本人的身高增加了，寿命延长了，也受益于蜂王浆。”日本学者松田正义评价蜂王浆的效果说：“人们将蜂王浆誉为自有青霉素以来的宝药。”青霉素使人类减少了死亡，蜂王浆给人类带来了健康长寿。除日本之外，美国和澳大利亚的蜂王浆消费水平也在不断提高，我国蜂王浆出口市场也不断在扩大。

二、我国对蜂王浆的研究

早在晋代葛洪（图 1－3）撰写的《神仙传》中就有关于蜂王浆能够使人精力充沛、延长生命的记载。长沙马王堆汉墓中的竹简上也提到蜂王浆是强身延年之珍宝。在清朝初期，蜂王浆被称为"蜜尖"，是朝廷贡品中的上品，专供皇帝食用。云南省少数民族居住区也早就流传"蜂宝能治百病"，这里所谓的"蜂宝"就是蜂王浆。

图 1－3　葛洪

我国对蜂王浆的研究起步于 20 世纪 50 年代。1956 年 10 月，我国邀请匈牙利养蜂专家波尔霞博士访问时，在交谈中他提道："国际上已利用蜂王浆作为高级营养制剂，在医药上有极高的价值，能使衰弱垂危的病人恢复健康，不孕妇女生育，治疗妇女停经期易发生的分离性障碍等症。蜂王浆的经济价值很高，国际市场每千克价格可达 4000～8000 美元。"这一消息的透露，引起我国广大养蜂者的极大关注。1957 年，蜂学学者陈剑星开始试行生产蜂王浆，观察其医疗保健效能，整理观察结果，并节录《美国蜜蜂杂志》《澳大利亚养蜂杂志》所发表的法国和意大利医学界人士以及德国医师史密特等的临床试验结果，撰写《王浆的医疗作用》，公开发表于《中国蜂业》杂志上（1958 年第 8 期）。同年，北京市公私合营养蜂场养蜂专家黄子固等也开始了试产、利用蜂王浆。

为了进一步开展蜂王浆的研究，1959 年 4 月，中国农业科学院养蜂研究所同北京三个有关单位建立协作关系，即养蜂所负责蜂王浆生产的研究，中国科学院昆虫研究所负责蜂王浆保存、成分分析研究，北京医学院和解放军医学科学院负责蜂王浆药理及临床疗效研究。北京养蜂所、连云港蜜蜂医疗室、上海精神病院、中山医院、华东师范大学以及北京医学院药理教研室等单位都相继对蜂王浆的药理特性、临床疗效以及化学组成开展了多方面的研究。1962 年在杭州召开的全国蜂产品学术讨论会上就有近 10 篇关于蜂王浆的学术论文，对研究蜂王浆的方向、剂型、化学及仪器测定等问题做了充分的讨论，为以后的研究和应用奠定了良好的基础。

1989 年，由中、法、美、苏、英、日 6 国队员组成国际横穿南极大陆考察队，在此次探险过程中，他们要经历低温和暴风雪等恶劣天气，每天还要挖一二米的雪坑进行冰雪观测采样，体力消耗巨大。中国队员每天都会额外补充 4 支蜂王浆，而其他国家队员则认为蜂王浆与蜂蜜雷同，经过中国队员的介绍和亲身体验，他们逐渐认识到蜂王浆的价值，并将其作为纪念礼物带回。

随着科学的不断进步，在 30 多年来，生化学家们进行深入研究，发现蜂王浆的化学成分极为复杂，含有多种氨基酸、维生素、激素、酶类等对人体具有非常重要作用的生物活性物质。蜂王浆的化学成分及其医疗效能已引起世界各国医学家们的重视。国内外临床应用证明，人们连续服用蜂王浆一定时期，食欲明显增加，新陈代谢旺盛，确有调节血压、促进细胞增殖和肝功能恢复、增强造血功能和增强抗病能力等作用。蜂王浆对于神经衰弱、动脉硬化、高血压、低血压、贫血、结核病、肝脏病、肠胃病、食欲不振、营养不良、发育不良、体质虚弱、不育症等，都有显著疗效或较好的辅助疗效。恶性肿瘤患者接受化疗或放疗时配合服用蜂王浆，可增强疗效和减轻化疗、放疗的不良反应；蜂王浆外用可以滋润皮肤，治疗皮炎、脱发等症。

蜂王浆的临床应用范围，虽然还在继续探索之中，但世界各国的医学家们对蜂王浆已给予高度的评价并寄予很大的希望。法国学者切米兹（H. W. Schmidt）认为：“自然界尚未发现过像蜂王浆这样的物质，用如此小的剂量，而能产生如此好的效果。"

第三节 蜂王浆的形成与来源

蜂王浆（royal jelly），又名蜂皇浆、蜂皇乳、蜂王乳、蜂乳，是工蜂头部咽下腺和上颚腺共同分泌出来的一种呈白色或淡黄色的微黏稠、半透明乳浆状物质，形似奶油，具有酸、涩、辛辣及特殊芳香气味。

具体来说，它是工蜂将食用的蜂蜜和蜂粮在消化道内充分消化、吸收后，转化为营养源进入头部，再由此腺体进一步转化为蜂王浆分泌出来。然后用于哺育3日龄的幼虫，但3日后改喂蜂蜜和花粉的幼虫会长成工蜂，而一直服用蜂王浆的唯一一只幼虫将长成为蜂王。因蜂王终身以此为食，故称其为蜂王浆。

一、蜜蜂家族

蜜蜂属膜翅目、蜜蜂科，因粉源植物的广泛分布而存在于全世界，也是一类一直延续着母系氏族生活的群居性动物。

作为群居昆虫，一个蜂群由几千到数万只蜜蜂组成，它们的一生要经过卵、幼虫、蛹、成虫四个阶段。在蜂群中通常由三种形态和职能不同的蜜蜂组成，即一只发育健全负责繁衍的雌性蜂，称为蜂王或蜂后；几万只发育不健全却要承担整个蜂群劳动的雌性蜂，这是工蜂，也就是大家平时看到的蜜蜂；还有几千只发育完全只负责交配的雄性蜂，即为雄蜂。三种蜂在蜂群内各司其职、分工协作、相互依存，一旦离开蜂群是无法独立存活的。

1. 蜂王

在蜂群中蜂王（图1-4）的地位是至高无上的，一个蜂群是否繁荣昌盛全部依赖于蜂王。一只蜂王最初始的形态是蜂房中的受精卵，经过3天孵化成幼虫，然后由工蜂饲喂蜂王浆，6天成蛹，16天后羽化成为蜂王，它将终身服用蜂王浆，寿命可达5~8年。

图1-4　蜂王

蜂王一生的职责就是产卵，当它性成熟时会在一个晴朗的日子出巢与雄蜂进行交配。而此时雄蜂早已在空中等候，当它们嗅到蜂王的气味便会紧跟其后，此举称为婚飞。婚飞是一个优胜劣汰的过程，只有优秀的雄蜂追赶上蜂王才能进行交配。蜂王会同一只或几只雄蜂进行交配，直到自己的受精囊装满，交配完后，雄蜂的生殖器会脱落在蜂王生殖器中，就此雄蜂完成自己的使命很快便死去。

蜂王交配结束拖着尾部的已婚标识回巢，此时工蜂早已等候在巢外防止蜂王误入其他蜂巢。交配数天后蜂王的肚子会明显膨胀起来，工蜂会一边饲喂蜂王浆一边清理巢房以便蜂王产卵。蜂王自产卵后除分巢之外便不会再出巢，开始它一生的职责——产卵。

一只交配后的蜂王的受精囊内可装500万~700万个精子，一昼夜可产2000多粒卵，总重量超过它的体重。产卵期间，工蜂会一直侍奉左右，清理蜂巢，饲喂蜂王浆，直到蜂王老去，新的蜂王诞生，循环往复。

2. 工蜂

工蜂（图1-5右）是未发育完整的雌性蜂，由受精卵孵化成幼虫，3日龄内服用蜂王浆，3日龄后改食蜂蜜或花粉，是蜂群中数量最多的成员，一个蜂群中的工蜂可达几千甚至几万。

工蜂的体型比蜂王和雄蜂都小，但它却是蜂群中的勤劳分子。它采集树脂混入上颚腺的分泌物加工成蜂胶，用来加固巢穴抵御外敌；通过头部咽下腺和上颚腺分泌出蜂王浆，用来饲喂幼虫和蜂王；每日不停地穿梭于粉源植物中采集花蜜，为人类酿造营养美味的蜂蜜。它虽劳苦，一生却只有短短50天左右的寿命，夏季4~6周，冬季3~6个月，其寿

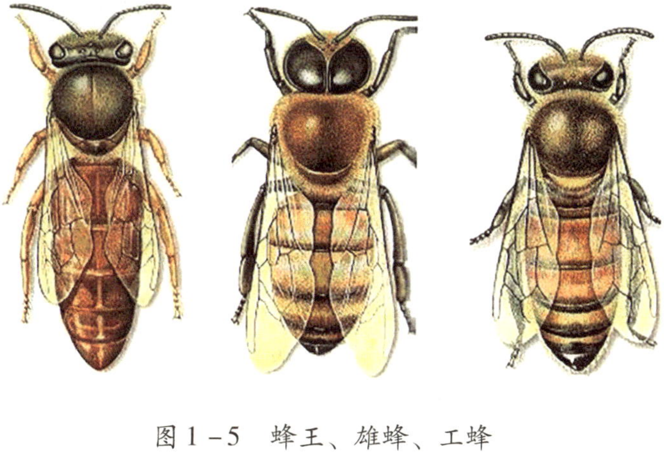

图1-5　蜂王、雄蜂、工蜂

命的长短与工作强度、蜂群群势有很大的关系。

工蜂也有可能成为蜂王。当蜂群中的蜂王不幸遇难或误入其他蜂巢时，蜂群会拥立新的幼虫成为蜂王。若蜂群失去蜂王，工蜂很快就会产下不规则的卵，即使发育也只能成为雄性个体，不能劳作，长久下去这个蜂群将走向灭亡。

3. 雄蜂

雄蜂（图1－5中）从卵发育成成虫需要24天左右，3日龄前服用蜂王浆，3日龄后服用蜂蜜和花粉，成长过程与工蜂相似，但唯一不同的是，雄蜂一生什么都不用做，就在巢中等待工蜂喂养，在温度适宜的季节出巢和蜂王交配，完成它一生的使命。

如果雄蜂未与蜂王交配成功，工蜂便会将它驱逐出巢，离开蜂巢的雄蜂没有生存能力，不是冻死就是饿死。

二、蜂王浆是如何产生的

了解蜜蜂的人都知道，蜜蜂从大自然千万种植物上采集两种精华物质——花粉和花蜜，花粉就是各种植物的遗传物质，相当于动物的精子，是所有植物最精华的部分。蜂巢中有几万只蜜蜂每天不辞辛劳地工作，其中一部分蜜蜂主要从事采集工作，一只蜜蜂每次出巢飞行几千米路程，采集几百朵花，才能获得20～30mg的花粉和花蜜，这只是粗原料，蜂巢内的蜜蜂还要将这些原料进行加工，经过十余天甚至更长时间的酿制，花蜜才能转化为香甜可口的蜂蜜，花粉才能变成醇香的蜂粮，蜂蜜和蜂粮才是蜜蜂生产蜂王浆的真正原料。

从蜂房中羽化的小蜜蜂，每天大量食用这两种精华类的食物，一是为繁重的内勤工作提供足够的能量，二是促成蜜蜂各种腺体的发育。在蜜蜂这个群体中，分泌王浆的多是 3～20 日龄的幼、青年工蜂，这一阶段工蜂的舌腺特别发达，被称为泌浆适龄蜂。工蜂的舌腺（又叫营养腺、王浆腺），位于头部的两侧，是由两条长串环形和圆形的葡萄状腺体紧密地团聚在一起而组成的。它的两条导管分别开口于口片的两侧角上，口片的两根杆状臂在必要时通过挤压将蜂王浆排出，顺口片边缘垂下的围嘴状褶流下，堆积在喙的基部，进而用以饲喂蜂王或哺育幼虫。每只蜜蜂一生分泌蜂王浆的时间十分有限，也就 7～10 天，超过这个时间，腺体就会退化，不能再泌浆了，可见蜂王浆之珍贵。

工蜂分泌王浆主要是受蜂群需要的支配，一般情况下，蜜蜂是不筑造王台和培育蜂王的，因此蜂群中也就没有自然王台；只有当蜂群发展到一定程度，或因蜂王体质、巢内拥挤状况等多种因素引起的分蜂热，促使蜂群产生育王欲望时，工蜂才会分泌蜂蜡筑造王台，并逼迫蜂王向王台内产卵，之后便向王台内吐以充足的蜂王浆供王台内的幼虫食用。此外，工蜂分泌王浆还受气温、粉源及饲料等条件的影响。蜜蜂采集或食用了花蜜、花粉等粉源植物的有效成分，像母亲吃饭菜分泌乳汁一样，工蜂将得到的花蜜和花粉首先在消化道消化、吸收，其消化物通过背的管子（称为心脏管）进入头部，在舌腺转化为蜂王浆。由此可见，蜂王浆是花蜜和花粉在工蜂体内形成的。所以，蜂王浆与其原料——花蜜、花粉相比，已变成了本质上不同的物质，因而带来了蜂王浆特有的生理作用和药理作用。

三、蜂王浆的分类

我国蜂王浆主要以生产时开花的主要粉源植物、蜂种、王浆采集季节等依据进行分类。

1. 粉源植物

通常在什么花期生产的蜂王浆就称为什么王浆，例如，在油菜花（图1－6）期所采集的蜂王浆称作油菜浆，刺槐花（图1－7）期采集的蜂王浆称作刺槐浆。同理，还有椴树浆、葵花浆、荆条（图1－8）浆、紫云英（图1－9）浆、杂花浆等。粉源植物的分布主要受地域、气候、环境因素的影响，因此，气温、降水的环境因素在一定程度上也可以间接影响蜂王浆的质量。

2. 蜂种

根据产浆蜂种的不同将蜂王浆分为中蜂浆和西蜂浆，前者产自中华蜜蜂，后者产自西方蜜蜂。同西蜂浆相比，中蜂浆外观上更为黏稠，呈淡黄色，王浆酸含量略低。中蜂浆产量远低于西蜂浆，市场上出售的绝大部分是西蜂浆。还有一种黑蜂浆主要产自黑龙江省、青海省，黑蜂浆产量低于西蜂浆，但是营养高于西蜂浆，王浆品质高。

3. 色泽

不同粉源花期所生产的蜂王浆，其色泽有较大差异。像油菜花蜂王浆就是白色的，而刺槐蜂王浆就是乳白色的，紫云英蜂王浆则为淡黄色，荞麦（图1－10）浆呈微红色，紫穗槐（图1－11）浆呈紫色等。由此可见，可通过蜂王浆的颜色，来区分是什么粉源花期生产的。

图 1-6 油菜花

图 1-7 刺槐花

图 1-8　荆条花

图 1-9　紫云英

图 1－10　荞麦花

图 1－11　紫穗槐花

4. 生产季节

按生产季节一般在5月中旬以前生产的蜂王浆可归为春浆，5月中旬以后生产的蜂王浆归为夏、秋浆。春浆呈乳黄色，是全年蜂王浆中质量最好的，它的王浆酸含量最高。秋浆色略深，含水量比春浆稍低，质量则比春浆稍次。

蜂王浆还可以按产量分为高产浆和普通浆，蜂王浆为劳动力密集型的产品，产量又很低，一般一群蜜蜂一年只能产王浆3~4kg，因此生产成本很高。普通浆的产量少，但营养价值高，适合人类食用。高产浆的质量比较差，质地比较稀，是一些养殖户养殖专业浆蜂产出的蜂王浆品种。

第四节　蜂王浆的营养成分

蜂王浆是一类组分相当复杂的蜂产品，随着蜜蜂品种、年龄、季节、花粉植物的不同，其化学成分也有所不同。一般来说，其成分为：水（60%~70%）、蛋白质（9%~18%）、碳水化合物（13%~15%）、脂类（6.0%）、矿物质（0.4%~2%）、未确定物质（2.84%~3.0%）。

一、营养物质

1. 水

蜂王浆为浆状物，因此水分含量较高，占蜂王浆总重量的60%~70%。水分虽然不是珍贵的营养物质，但是具有重要的生理功能，对维持蜂王浆pH和渗透压，以及营养物质溶解和吸收等均具有重要的作用。

正如牛奶是一种营养丰富的食品，牛奶中的水分含量在90%左右。

2. 蛋白质

蛋白质是组成生命体的重要材料，并且参与各种生理生化过程，是生命体中主要的活性物质。蜂王浆中的蛋白质是仅次于水，排在第2位的主要成分，占蜂王浆总重量的9%~18%。其中蜂王浆主蛋白（major royal jelly proteins，MRJPs）1－9占总蛋白质量83%~90%，MRJP1－MRJP5占MRJPs的90%，由此可见，MRJP1－MRJP5在蜂王浆中发挥主要营养功能。

MRJP1可以促进蜜蜂幼虫转变为蜂王，MRJP3可以优化蜂王幼虫的生长，两者在级型分化中起作用；MRJP2和MRJP7与工蜂卵巢发育有关；MRJP4在工蜂和蜂王中都有表达，但仅在蜂王幼虫期进行表达，由于该蛋白的必需氨基酸含量较低，研究者认为MRJP4在蜜蜂体内除营养功能外还可能发挥着其他功能；MRJP5富含甲硫氨酸，是富含硫元素的重要蛋白；MRJP6在采集蜂中表达量高于哺育蜂，与神经发育相关；也有研究发现MRJP5和MRJP6都是在采集蜂中的表达量高于哺育蜂，进化分析MRJP5和MRJP6处于同一分支，推测MRJP5除了作为主要营养物质外，在西方蜜蜂中还发挥其他功能，可能与MRJP6的功能相近，与西方蜜蜂神经发育相关；MRJP8和MRJP9在蜜蜂毒腺中表达，与蜂毒引起的过敏反应有关。

虽然MRJPs家族成员间同源性较高，但MRJPs家族中各个成员的含量和作用不尽相同，在进化过程中出现了一定的遗传分化和功能分歧，甚至同一成员因在不同组织中表达而所起功能不同。

蜂王浆中还含有丰富的酶类蛋白质，主要有抗坏血酸氧化酶、葡萄糖氧化酶、胆碱酯酶、超氧化物歧化酶、磷酸酶、脂肪酶、淀粉酶、转氨酶等酶类物质。超氧化物歧化酶（SOD）是蜂王浆中蛋白类活性成分之一，被称为自由基清除剂，可以清除人体内的自由基（超氧阴离子）。

人体衰老的实质就是人体过多地被氧化，是过多的自由基积累所致。研究表明，脂褐素是引起细胞死亡、导致机体衰老的元凶。蜂王浆中的多种活性成分可以激活酶系统，抑制脂褐素，使过氧化脂质和心肌细胞脂褐素下降。超氧化物歧化酶是非常好的抗氧化物质，具有保护机体、清除自由基的功效，可起到抗辐射、延缓衰老的作用。

3. 氨基酸

蜂王浆中含有20多种游离的氨基酸，占蜂王浆总重量7%～8%，分别是缬氨酸、亮氨酸、谷氨酸、异亮氨酸、色氨酸、丝氨酸、甘氨酸、酪氨酸、苏氨酸、甲硫氨酸、苯丙氨酸、组氨酸、精氨酸、天门冬氨酸、羟脯氨酸、谷氨酰胺、脯氨酸、赖氨酸、胱氨酸、半胱氨酸、丙氨酸等。其中，脯氨酸的含量最高，约占氨基酸总量的63%；其次为赖氨酸，约占20%；再次为精氨酸、组氨酸、酪氨酸、丝氨酸、胱氨酸等。由此可以看出，人体必需的8种氨基酸，蜂王浆中无一缺少。

氨基酸是构成蛋白质的基本单位，人类已知的20多种氨基酸可以排列组合成成千上万种完全不同的蛋白质。通过代谢，氨基酸可以在人体内发挥下列作用：①合成组织蛋白质。②变成酸、激素、抗体、肌酸等含氨物质。③转变为碳水化合物和脂肪。④氧化成二氧化碳和水及尿素，产生能量。因此，氨基酸在人体中的存在，不仅提供了合成蛋白质的重要原料，而且为促进生长、正常代谢、维持生命提供了物质基础。如果人体缺乏或减少其中某一种，人体的正常代谢就会受到影响，甚至导致各种疾病的发生或生命活动终止。

4. 脂质和脂肪酸

脂类是蜂王浆的主要成分之一，约占新鲜蜂王浆总量的7%～18%，其中80%～90%的脂类物质以游离脂肪酸的形式存在，目前已从蜂王浆中检测出94种脂肪酸，其中大部分为游离脂肪酸。与其他动物源脂肪酸不同，蜂王浆脂肪酸为中链脂肪酸，多含有8～10个碳原子羟基脂肪酸或二元酸，其中含量较高的为：反式－10－羟基－2－癸烯酸（简称10－HDA）、10－羟基癸酸、3,10－二羟基－癸酸、8－羟基辛酸、2－癸烯－1,10－二酸和癸二酸，分别占脂肪酸总量的50%～60%、13.0%～17.6%、4.4%～7.8%、3.1%～6.5%、2.5%～4.1%。

蜂王浆中的脂肪酸是其抗炎、抗菌、抗肿瘤、免疫调节等多种功能活性的主要来源之一，蜂王浆中的主要脂肪酸10－羟基－2－癸烯酸（简称10－HDA）是衡量蜂王浆质量的重要指标。10－HDA也被称为王浆酸，其结构很特殊，是一种含有10个碳原子的直链不饱和脂肪酸，碳链的一端为羟基，另一端为羧基，在2号位上带有一个双键。这是一种仅存在于蜂王浆中的脂肪酸，被视为蜂王浆的特征性物质，且含量远大于其他脂肪酸。10－HDA的含量比较稳定，不易受温度和时间变化的影响，有研究表明，无论样品是在－18℃、4℃还是室温下储存，该成分都能保持稳定长达1年之久，所以10－HDA作为检测指标用于蜂王浆的质量分析中。根据蜂王浆国际标准（ISO12824），新鲜蜂王浆的10－HDA含量需要≥1.4%，以此为基准，不同国家又制定了不同的国家标准。我国规定优等品蜂王浆10－HDA含量应≥1.8%，合格品蜂王浆的10－HDA含量应≥1.4%（GB 9697－2008）。

5. 糖类

糖类又称碳水化合物。这类化合物只含有碳、氢和氧三种元素，并且氢氧比为2∶1（和水分子的氢氧比相同），故称之为碳水化合物。其主要功能是提供热能，人体所需要的70%左右的能量由糖提供，也是构成组织和保护肝脏的重要物质。

蜂王浆中的糖类占其总重的13%~15%，分别为蜜二糖、麦芽糖、蔗糖、果糖、核糖、海藻糖、葡萄糖等。其中主要的糖类为葡萄糖、果糖和蔗糖。此外，还有一种低聚糖叫“龙胆二糖”，也称益生元，它是肠道中益生菌的食物，可以让肠道中的益生菌更好地维持肠道健康。

6. 维生素类

维生素是人体必需的营养物质，它们多数在人体内不能合成，需要从食物中摄取。维生素对机体的新陈代谢、生长、发育、健康有着极重要的作用。虽然人体对维生素的需求量很小，日需量常以毫克或微克计算，但如果长期缺乏某种维生素，就会引起生理机能障碍进而引起某种疾病，损害人体健康。

蜂王浆所含维生素占其总量仅有0.4%~1%，分别是叶酸、维生素C、维生素B_1、维生素B_2、维生素B_5、维生素B_6、维生素A、烟酸、维生素E等，其中以B族维生素最多。

7. 微量元素类

微量元素指人体内含量介于体重0.01%~0.005%的元素，其中必需微量元素是生物体不可缺少的元素，如铁、铜、锌、钴、铬、锰、硒等，以上诸元素在体内不能产生与合成，须由食物来提供。如果膳食调配不当、偏食或患某些疾病，就容易造成缺乏。

微量元素在人体内含量虽然极微小，但具有强大的生物学作用，它们参与酶、激素、维生素和核酸的代谢过程，其生理功能主要表现为协助输送宏量元素；作为酶的组成成分或激活剂；在激素和维生素中起独特作用；影响核酸代谢；等等。

蜂王浆中的微量元素仅占总量的0.4%~2%，其中包括钾、硒、铁、镁、钠、铜、钴、钙、锰、锌等元素。

8. 磷酸腺苷类

蜂王浆作为腺体分泌物，含有少量的三磷酸腺苷（ATP）、二磷酸腺苷（ADP）和单磷酸腺苷（AMP），它们是生物体代谢的能量源泉，参与遗传信息的存储与表达。

9. 植物甾醇类

植物甾醇是一种活性成分，在植物的根、茎、叶、果实和种子中均广泛存在，是维护血管健康不可缺少的营养素。植物甾醇具有维持体内胆固醇平衡的作用，在营养学界被称为“胆固醇的克星”，主要是通过在肠道内竞争性占位来抑制胆固醇在肠道的吸收，从而显著降低血清总胆固醇（TC）和低密度脂蛋白（LDL）含量。同时对治疗前列腺疾病，抑制前列腺肥大、缓解前列腺增生等症状有很好的疗效，没有不良反应。如此重要的营养成分人体自身却不能合成，只能从食物中摄取。

蜂王浆中含有少量的5－燕麦甾醇、25－羟基－24－甲基胆甾醇、7－燕麦甾醇、菜油甾醇、β－谷甾醇、豆甾醇等植物甾醇类。

10. 乙酰胆碱

乙酰胆碱（ACh）是胆碱能神经元释放的神经递质，在神经细胞之间或其与效应器细胞之间起信息传递作用。蜂王浆中含有少量的乙酰胆碱以及睾酮、孕酮、催乳素、雌二醇等激素物质。

11. 类黄酮

类黄酮即黄酮类化合物，是一种由两个具有酚羟基的苯环通过碳原子连接的一系列化合物的总称，广泛存在于蔬菜、水果、茶类等自然界植物中。类黄酮可以减少低密度脂蛋白的产生，从而减少血栓的形成，减少心脏疾病，有效降低冠心病的死亡率。

蜂王浆中含有少量的木犀草素、芹菜素、芒柄花黄素、染料木黄酮、白杨素、山柰酚、橙皮素、异樱花素、柚皮素等类黄酮物质。

12. R 物质

人们通过对蜂王浆的分析，将已知的成分按天然蜂王浆的比例配制，用来饲喂工蜂幼虫，发现不能使工蜂变为蜂王。这说明在天然蜂王浆中有些成分还未检测出来，这些物质被称为 R 物质，含量为 3% 左右。

二、理化成分

新鲜蜂王浆呈乳白色、浅黄色半透明乳浆状，个别呈微红色，具有典型的酚与酸的气味，味道酸、涩，略带辛辣，回味略甜，手感细腻、微黏，无气泡，无杂质。蜂王浆呈酸性，pH 为 3.9～4.5，酸度在 53mL/100g 以下，不溶于氯仿；部分溶于水，其余与水形成悬浊液；在乙醇中部分溶解，产生白色沉淀，放置一段时间后分层；在浓盐酸或氢氧化钠中全部溶解。

蜂王浆对热敏感，在常温下放置 1 天，蜂王浆的新鲜度明显下降；在常温下放置 15～30 天，颜色变成黄褐色而且发出强烈的恶臭味，并产生气泡，蜂王浆所含蛋白质全部破坏；在高温时，于 130℃ 左右就失效。而在冷冻时则稳定，在 0～5℃ 贮存 10 个月以后，色、香、味等没有发生任何变化，低温对质量不会有影响；在 －2℃ 的冰箱中可保存一年，－18℃ 可保存几年。鲜蜂王浆有很强的吸氧能力，但在 －18℃ 时不吸氧，说明鲜蜂王浆中含有生物活性物质，不适于加热处理。

蜂王浆是极不稳定的天然产物。空气对蜂王浆能起氧化作用，水蒸气对其则起水解作用，因此，应尽量将蜂王浆与空气和水蒸气隔绝。此外，光对蜂王浆犹如催化剂，对其醛、酮基团可起还原作用，故贮藏蜂王浆应避光。保存容器应为中性和不溶性，亦不能含有铅和砷。蜂王浆内有双折射特性物质存在，而且相当稳定。将蜂王浆置于偏振光显微镜下，可观察到淡黄色、蓝绿色、红色、绿色、蓝紫色的五彩烧釉状鲜艳色调。这种现象在其他蜂产品中都不存在，并且无论是冷藏蜂王浆、暴露在空气中的蜂王浆以及加热过的蜂王浆，均能见到双折射现象。

三、特殊成分

1. 王浆酸

蜂王浆中有一种特殊的脂肪酸，主要来源于工蜂的上颚腺，多以游离的形式存在于新鲜的蜂王浆中，是蜂王浆的主要代表成分之一，也是蜂王浆独有的成分，称为 10－HDA。

王浆酸是被我国医学界科学家从蜂王浆中分离出的一种不饱和有机酸，迄今为止这种特殊成分只存在于蜂王浆中，也就是说这种成分是蜂王浆独有的，所以它叫王浆酸。蜂王浆的许多性质如气味、pH 等都与它有关。

王浆酸含量是蜂王浆质量的重要指标之一，一般含量在 1.4%～2.4%，约占总脂肪酸的 50%。我国蜂王浆标准规定，合格品王浆酸大于 1.4%，优等品王浆酸含量大于 1.8%。分离出的纯王浆酸为白色晶体，在新鲜的蜂王浆中多以游离形式存在，性质比较稳定，有很好的杀菌、抑菌作用和抗癌、抗辐射的功能。王浆酸对保护王浆中的活性物质有重要的意义，而且大大提高了蜂王浆的保健和医疗效用。

10－HDA 具有十分广泛的生物学活性，主要表现在以下几个方面：

（1）抗菌活性：10－HDA 被认为是一种特别强的抗菌剂，研究表明 10－HDA 对金黄色葡萄球菌、大肠埃希菌和枯草芽孢杆菌抑菌效果极强。除此之外，科学家发现该脂肪酸通过干扰葡糖基转移酶Gtf B和 Gtf C 的表达来干扰口腔病原体变形链球菌对细胞表面的黏附。与此同时，相关研究也表明 10-HDA 对热带念珠菌和白色念珠菌等真菌有良好的抗菌活性。

（2）抗炎活性：在一项关于蜂王浆可能导致消化系统疾病的研究中发现，10-HDA 可以保护大鼠免受实验性胃溃疡的伤害。此外，在鼠巨噬细胞 RAW264 细胞系的研究中表明，10-HDA 是通过抑制脂多糖（LPS）诱导的 NF-κB 信号通路的活化来发挥其抗炎症活性。相关学者从体内和体外的角度验证其抗炎活性，证明 10-HDA 对炎症介质的抑制作用是有效的，并存在剂量依赖性，IL-1β、IL-6、MCP-1 和 COX-2 等几种关键炎症基因也被 10-HDA 抑制。另有学者研究显示 10-HDA 对类风湿关节炎患者的成纤维样滑膜细胞具有抑制作用，这也证明了其对慢性炎症退行性疾病的治疗潜力。

（3）免疫调节活性：目前研究发现 10-HDA 的各种免疫调节活性，包括 10-HDA 通过抑制活化 T 细胞的 IL-2Rα 的表达和 IL-2 的产生达到抑制异种 T 细胞的增殖的效果。除此之外，有学者发现 10-HDA 能提高巨噬细胞的吞噬活性，提高免疫系统活性。相关研究结果表明 10-HDA 能抑制脾脏树突状细胞产生 IL-12，以及抑制巨噬细胞中 LPS 和 IFN-β 诱导的 NO 产生。在另一项研究中，发现10-HDA在人单核细胞衍生的树突状细胞上具有双相行为，导致 Th1 反应刺激和 Th2 在 50μM 下调，并在 500μM 抑制 Th1 和 Th2。

（4）抗衰老活性：研究表明 10-HDA 可促进人皮肤成纤维细胞中胶原蛋白的合成和胶原蛋白促进因子（转化生长因子 β1）的产生，这种作用介导了蜂王浆对 UVB 诱导的皮肤光老化的保护作用。除了促进胶原蛋白合成外，研究还发现 10-HDA 可能通过下调涉及 JNK/p38MAP 激酶和 AP-1 转录因子的途径来抑制类风湿关节炎滑膜成纤维细胞释放 MMP-1、MMP-3、MMP 调节剂结缔组织生长因子。并且，10-HDA 还抑制了成纤维细胞中 UVA 诱导的 JNK/p38 活化以及 MMP-1、MMP-3 的上调。

（5）抗肿瘤活性：实验表明 10-HDA 可促进具有抗癌活性和免疫调节作用的白细胞介素 2 和淋巴细胞亚群的生长。除此之外，还发现 10-

HDA 不仅降低了三阴性乳腺癌细胞（TNBC）的细胞存活率，而且 10 - HDA 处理细胞后，显著抑制 TNBC 的侵袭、黏附和释放，对侵袭性乳腺癌细胞具有抗转移活性。

（6）抗辐射活性：研究表明 10 - HDA 对紫外线（UVA）诱导的人皮肤成纤维细胞（HDFs）具有保护作用。10 - HDA 通过抑制紫外线 A 诱导产生细胞毒性和活性氧（ROS），刺激胶原蛋白生成，来达到保护 HDF 的目的。此外，10 - HDA 在转录和蛋白质水平上均抑制 UVA 诱导的 MMP - 1 和 MMP - 3 表达。10 - HDA 处理还减少了 UVA 诱导的 JNK 和 p38MAPK 途径的激活。另有研究表明，10 - HDA 可与蜂王浆中其他脂肪酸组分发挥协同作用，通过刺激 UVB 诱导的 NHDF 中 TGF - β1 的产生来上调 I 型胶原蛋白的水平。

（7）降血糖活性：研究发现该脂肪酸可改善大鼠模型的高脂血症状况。此外，针对 L6 肌管的体外研究以及针对小鼠的体内研究均表明，10 - HDA 通过 AMP 激活的蛋白激酶活化和 GLUT4 转运至质膜来增强胰岛素非依赖性肌肉葡萄糖摄取。

（8）神经调节活性：研究证明 10 - HDA 是人类 TRPA1 和 TRPV1 受体的有效激动剂。此外，有研究表明 10 - HDA 刺激了大鼠胚胎神经干细胞的神经元分化，可能起着 ω - 3 二十二碳六烯酸的作用。ω - 3 二十二碳六烯酸是人体所必需的一种多不饱和脂肪酸，它能促进神经细胞生长发育及维持细胞膜完整性，是构成中枢神经系统重要的原料之一。二十二碳六烯酸被认为对大脑发育和功能必不可少，并且已在大鼠帕金森病模型中显示出积极作用，这表明 10 - HDA 的潜力相似。此外，由于 10 - HDA 是较小的分子，它还可以更容易地穿过血 - 脑屏障。关于合成中链脂肪酸的研究也表明了蜂王浆脂肪酸的神经生成潜能，其中 2 - 癸烯酸乙酯（10 - HDA 的衍生物）促进了大鼠模型的功能恢复。另有研究显示，10 - HDA 能增加神经干细胞中神经元生成并减少星形胶质细胞的生成，同时还能在体外刺激神经干细胞分化成神经元。

2. 牛磺酸

牛磺酸（Taurine）学名是2－氨基乙磺酸，是1872年科学家首次从牛胆中分离出来的一种游离氨基酸，由胱氨酸转化而来的β－氨基酸，分子式为$NH_2CH_2CH_2SO_3H$，相对分子质量125.15。牛磺酸是大脑神经元之间的信息传递物质，并兼有抗炎症、保护视网膜等功能，并且对帕金森综合征疗效独特。

牛磺酸及其类似物的抗炎症作用可归结为3条主要途径：

（1）与次氯胺反应生成毒性较低的抗炎症药物中间体——牛磺酸氯胺。

（2）调节中枢神经系统兴奋性氨基酸谷氨酸的释放。

（3）通过线粒体内的钙离子的运输来调节钙的平衡。

近年来，营养学家又发现牛磺酸能促进淋巴细胞的增殖和巨噬细胞产生白细胞介素－1，增强中性粒细胞吞噬杀菌的活性，产生对病毒的抗体功能，对机体免疫细胞防御功能起到重要作用。牛磺酸能抑制柯萨奇病毒等所致的心肌炎，有抗心律失常及动脉粥样硬化、降压、保护心肌等功能，调节心肌收缩力，促进血液循环，刺激骨髓产生血细胞，促进白细胞数量增加，促进人体生长激素的分泌。此外，牛磺酸还可提高机体内特异和非特异性免疫功能，提高人体免疫力，而不引起正常生理功能的显著变化。

牛磺酸在吞噬细胞如小神经胶质细胞和巨噬细胞中的含量为毫摩尔级，磷酸激酶的向下调节载体牛磺酸转运相关载体（TAUT），使牛磺酸的含量降低，从而延长次氯酸的作用。小神经胶质细胞从突触空间除去潜在有害物质谷氨酸，同时释放对抗炎症的中间体。此外还有抑制高血压的抗高血压小肽，降血糖并具有免疫活性的胰岛素样多肽。

除对大脑发育很重要外，对于胆汁酸分泌功能尚未完善的新生儿，牛磺酸能改善与胆汁酸有关的脂肪代谢生理功能，减轻婴儿对脂肪的消化和吸收方面的负担，并能促进小儿消化道内脂肪、钙等营养物质的消化和吸收。研究还证实，视网膜中的视网色素细胞、光感细胞、视锥细胞、视杆细胞等也与牛磺酸有密切关系。牛磺酸能维持这些细胞内钾、钠、钙离子的浓度，保护视网膜，是维持光感受器组织结构必需的氨基酸。

3. 超氧化物歧化酶

超氧化物歧化酶（superoxide dismutase，SOD）是一类催化超氧阴离子自由基发生歧化反应的金属酶，根据所含金属离子的不同，可分为 Cu/Zn－SOD，Fe－SOD，Mn－SOD。它能显著降低超氧阴离子对细胞的毒性作用，具有抗衰老、抗肿瘤和抗辐射等生理功能。

1969 年，有人从有机体内分离出一种生物活性物质——超氧化物歧化酶，这种活性物质可以清除机体内的超氧自由基，从而起到延缓衰老、增强机体免疫力的作用。因此，人们推测蜂王浆对人体具有的某些特殊功效，可能是与它含有丰富的活性物质有关。1993 年，相关学者采用一种非酶体系黄素、四甲基乙二胺通过光学成像原理，在光照条件作用下使羟胺氧化形成亚硝酸盐的实验方法，第一次证明蜂王浆中含有同样的活性物质，从侧面证实了上面的推测。

研究表明，SOD 与人体多种疾病的防治有关。它可以治疗多种炎症、自身免疫性疾病，防止缺血再灌注损伤等。它还有抗衰老、防止皮肤色素沉着等作用。SOD 也是药品、饮料、保健品、化妆品等的添加剂。实验证明，SOD 不仅可以作为生物大分子被吸收，而且人体内还存在由 SOD 降解小分子激发的自身 SOD 合成机制。SOD 可以有效调节体内 SOD 的浓度水平，对于人体的保健具有明显的作用。由于蜂王浆营养丰富，包含多种人体所必需的氨基酸，所以一直是保健品市场开发的热点。因此，研究蜂王浆中的 SOD，可将蜂王浆的抗氧化、防衰老等作用理论化或系统化，并可进一步提高人们对蜂王浆保健作用的认识。

第二章

蜂王浆的保健功能

蜂王浆（图2－1）是备受青睐的一种高效营养滋补品和增强人体免疫力、祛病延年的天然营养品，被广泛应用于人体保健及疾病治疗等方面，实乃健体除患、延年益寿之佳品。关于蜂王浆的研究已有100多年的历史，蜂王浆的理化性质、成分及临床应用已得到一定的验证。

图2－1　蜂王浆

美国早在1940年就开始研究蜂王浆的化学特性，经过半个多世纪全世界科学家的不断研究，目前普遍认为蜂王浆含有60%~70%的水分和33%左右的干物质。干物质中蛋白质占比9%~18%、脂肪6%、糖7%~8%、矿物质0.82%，还有2.84%~3%的“神秘物质”未被鉴定。蜂王浆的成分之复杂在自然界是罕见的，对人体的益补作用是令人信服的，是一种营养价值和医疗作用很高的营养品和治疗剂。服用蜂王浆可以提高机体的耐力和免疫力，促进组织细胞的发育，延缓衰老，增强生命力和工作能力。服用蜂王浆的人，身体素质和工作能力明显提高，食欲增加，睡眠改善，精力充沛，消除疲劳快，很少生病。老人和久病体弱者服用蜂王浆，可加快体质好转，恢复期缩短，旧病复发现象减少。儿童服用蜂王浆可以促进发育，减少病患，提高智力。某些重危病人或其他药物治疗无效的患者以及一些原因不明的疑难病患者，服用蜂王浆后可收到意想不到的效果。特别是蜂王浆能增强代谢，促进组织再生，改善内分泌功能，具有抑菌、消炎、抗癌变、抗辐射等功能。由于对人体多种的生理和药理作用，蜂王浆在医学界亦有广泛的研究。

第一节 增强免疫力

免疫力是人体自身的防御机制，是人体识别和消灭外来侵入的任何异物（病毒、细菌等），处理衰老、损伤、死亡、变性的自身细胞以及识别和处理体内突变细胞和病毒感染细胞的能力，人体内执行这一功能的是免疫系统。免疫系统主要包括第一线的物理、生化防御系统以及第二线的主动防御系统。前者如同构造严密的堡垒，可限制及防止有害的病原体入侵，主要包括皮肤、汗腺、皮脂腺、黏膜等；后者就如随时待命出击的战士一般，可主动及专一地对抗那些突破机体第一道防线的“漏网之鱼”——入侵病原体，主要反应包括产生抗体、活化免疫细胞等。完整的免疫系统是当前后两者都各司其职、完美无缺时，才能发挥其最佳功能。可以说，免疫系统外部的严密固守与随后的内部出击同等重要。

免疫力低下最直接的表现就是容易生病。事实上，我们之所以会生病，是因为身体给了病原体可乘之机，也就是说我们的免疫系统有所缺失。补给不足或者免疫系统怠惰，反应不够快，来不及给病原体“迎头痛击”，清除危害于萌芽之中，一旦病原体泛滥，难免会生病了。因经常患病，加重了机体的消耗，所以一般有体质虚弱、营养不良、精神萎靡、疲乏无力、食欲降低、睡眠障碍等表现，生病、打针、吃药便成了家常便饭。每次生病都要很长时间才能恢复，而且常常反复发作。长此以往会导致身体和智力发育不良，还易诱发重大疾病，深层原因是免疫力低下或免疫力不健全。当人体免疫功能失调，或者免疫系统不健全时，下列问题就会反复发作：感冒、扁桃体炎、哮喘、支气管炎、肺炎、腹泻等，所以千万不可小视。

增强免疫功能的方法有多种，而服用蜂王浆则是理想选择之一。蜂王浆中含有免疫球蛋白、王浆酸、牛磺酸、维生素 C 和微量元素等多种营养元素，能明显提高人体免疫力。其中免疫球蛋白可以为人体提供抗体，进而杀灭外界入侵的细菌病毒等，从而有效维护并强化免疫系统功能，进而提高机体的抗病能力。

蜂王浆中特有的不饱和脂肪酸 10 - HDA，具有保护免疫器官的功能和促进免疫潜力。环磷酰胺是制备免疫能力低下动物模型的常用药物，将环磷酰胺腹腔注射实验小鼠后，小鼠的胸腺系数和脾脏系数显著下降，而在此基础上灌胃 10 - HDA，小鼠的胸腺系数和脾脏系数可显著恢复，表明 10 - HDA 可减缓由环磷酰胺引起的胸腺和脾脏损伤。研究发现王浆酸可恢复在胸腺和脾脏中被环磷酰胺抑制的 T 细胞和 B 细胞增殖、T 细胞杀伤能力、B 细胞抗体亲和力成熟，以及抗原呈递等功能密切相关蛋白质的表达，从而达到保护免疫器官、恢复被抑制的免疫功能。

蜂王浆中含有极为丰富的牛磺酸，平均含量为 20.89mg/100g，远远超过母乳中牛磺酸 5.2～6mg/100mL 和牛乳中牛磺酸 0.7mg/100mL 的含量。研究发现，牛磺酸能促进 T 淋巴细胞的增殖和巨噬细胞产生的白细胞介素－1，增强中性粒细胞吞噬杀菌的活性，提升对病毒的抗体功能，对婴幼儿机体免疫细胞防御功能起到重要作用。牛磺酸还可以提高机体内特异性和非特异性免疫功能，并且不会引起正常生理功能的显著变化。

蜂王浆中的维生素 C 可以直接增加抗体的产生、扩大细胞免疫反应、增加白细胞产生细胞因子的能力、增加吞噬细胞产生一氧化氮数量、促进 T 淋巴细胞增殖、中和自由基、降低氧化应激水平、增强自然杀伤细胞的能力，从而提高免疫力。

蜂王浆中含有硒、锌等多种微量元素，其中，硒是免疫细胞的组成成分，几乎存在于所有的免疫细胞中，多补充硒可以提高自身免疫力；锌元素可以提高自身免疫力，是调节免疫力的“好帮手”，是人体百种酶的组成成分，特别是对免疫系统的发育和正常免疫功能维持有着不可忽视的作用。

同时，蜂王浆对骨髓、胸腺、脾脏、淋巴组织等免疫细胞活力有激发作用，刺激抗体产生，增强人体抵抗力。实验研究表明，蜂王浆能明显提高小鼠血液白细胞、中性粒细胞的数量及百分数；提高血红蛋白的浓度，减少红细胞压积；降低血小板数量及血小板压积。因此得出结论：蜂王浆能显著地改善运动小鼠的血液成分，提高运动小鼠免疫力，增强耐疲劳能力。印度浦那的蜜蜂研究中心和培训学会（CBRT I）与当地的军事医学院（AFMC）进行蜂王浆的临床实验，证实这种形似奶油、味酸涩、产自蜂巢的物质可以提高人机体免疫力，能对艾滋病感染者提供有效的治疗。

科学家们为了解蜂王浆对有机体的影响，用小鼠做试验。他们给一组小鼠喂蜂王浆，叫作给药组，一组等量喂其他食物，叫作对照组。为进行耐疲劳试验，把给药组和对照组的小鼠同时放进水中，结果对照组的小鼠几分钟后就疲惫不堪，很快就体力耗尽而被淹死，而给药组的小鼠几十分钟后才死亡，其耐疲劳的能力是对照组的 7 倍以上。用同样的方法进行蜂王浆对提高机体耐缺氧、耐高温和耐低温的试验，也取得了十分显著的效果。为了解蜂王浆对机体的具体作用机理，科研人员对上述试验的小鼠进行解剖，发现对生命产生巨大影响的巨噬细胞其吞噬百分率给药组与对照组相比提高了一倍以上，这表明机体的抵抗力有了很大的提高，国内外的学者都证明了这一点。这个结果表明，蜂王浆除了能提高机体的非特异性免疫力外，还与特异性免疫力和抗癌有关。

放射性物质是一类可引起身体产生某种病变的物质，如致癌、致畸等。为试验蜂王浆能否提高人体对放射性物质的耐受力，对给药组和对照组的小鼠同时给予足可引起小鼠致命剂量的放射性物质进行照射。结果是，对照组的小鼠只活了 11 天，而给药组则活了 19 天，可见其效果是十分明显的。

因此，蜂王浆可以增强体质，提高免疫力，增强身体对外界不良因素侵袭的抵抗能力和提高身体对不良环境的适应能力。

第二节　调节内分泌

内分泌系统指对全身内分泌腺而言，是神经系统外的另一重要机能调节系统。可分为两大类：一是在形态结构上独立存在的肉眼可见器官，即内分泌器官，如垂体、松果体、甲状腺、甲状旁腺、胸腺及肾上腺等；二为分散存在于其他器官组织中的内分泌细胞团，即内分泌组织，如胰腺内的胰岛，睾丸内的间质细胞，卵巢内的卵泡细胞及黄体细胞。部分内分泌器及组织参与人类性活动，对人类性活动影响较大，如性腺——卵巢和睾丸所分泌的性激素，是人类性活动的物质基础。

内分泌系统主要功能是在神经系统支配下和物质代谢反馈基础上释放激素，调节人体的生长、发育、生殖、代谢、运动、病态、衰老等生命现象，维持人体内环境的相对稳定。内分泌疾病的发生，是由内分泌腺及组织发生病理改变所致，许多疾病通过代谢紊乱也可影响内分泌系统的结构和功能。

临床研究表明，蜂王浆含有一些激素类物质，包括促性腺激素样物质、17－酮固醇、17－羟固醇、去甲肾上腺素、肾上腺素等。这些物质可以促进卵巢细胞成熟，显示出生理活动和代谢的变化。17－羟固醇是一种代谢产物，通常是由皮质醇（一种肾上腺皮质分泌的激素）在肝脏中转化而来的。而蜂王浆中的类固醇激素主要是性激素，这些激素具有一定的生理活性。如果长期适量服用蜂王浆，人体就会显示出生理活动和代谢的变化，这种生理活动变化是蜂王浆中激素类物质起作用的结果。如果人体缺乏激素便会产生生理上的失调，出现诸多疾病，如体弱疲乏、精力不足、思维和记忆力减退、失眠、易怒等，许多潜伏的疾病也会出现，如高血脂、高血压、冠心病等；女性则会提前出现更年期综合征，如面部潮红、出汗、头痛眩晕、心慌、失眠等。这些症状是由激素的缺乏导致内分泌紊乱、失调造成的，这时由外界补给微量的激素是非常必要的。服用蜂王浆就是一种好的补给方法。据有关研究资料，蜂王浆中性激素的含量为100g鲜蜂王浆中含雌二醇0.416μg，睾酮0.108μg，孕酮0.11μg，如每天服用300～500mg鲜王浆，就能很好地为机体补充所缺激素。这也是许多身体欠佳的中老年人服用蜂王浆后身体状况得到明显改善的重要原因。蜂王浆对甲状腺功能也有一定的影响，蜂王浆能增强体质，尤其对手术后病人及体弱多病人群增强体质效果更明显，这是因为蜂王浆能促进物质代谢，及时为人体提供营养物质和能量。

第三节　抗菌消炎

细菌（bacteria）是生物的主要类群之一，属于细菌域。广义的细菌即为原核生物，是指一大类细胞核无核膜包裹，只存在拟核区（nuclear region）（或拟核）的裸露DNA的原始单细胞生物，包括真细菌（eubacteria）和古生菌（archaea）两大类群。其中除少数属古生菌外，多数的原核生物都是真细菌。

细菌广泛分布于土壤和水中，或者与其他生物共生。人体是大量细菌的栖息地，可以在皮肤表面、肠道、口腔、鼻子和其他身体部位找到。作为许多疾病的病原体，细菌对寄主的侵犯，包括细菌吸附于体表，侵入组织或细胞，生长繁殖，产生毒素，乃至扩散蔓延以及抗拒寄主的一系列防御机能，造成机体损伤。

在蜂巢内，王台内的王浆可保存3天以上不变质，这一现象提醒人们：王浆具有较强的抑菌作用。1958年国际养蜂会议的资料指出，用7.5mg的蜂王浆，可抑制金黄色葡萄球菌、大肠埃希菌和大芽孢变形杆菌的生长。实验表明，蜂王浆对伤口感染具有促进愈合的作用。

蜂王浆有着强劲的抑菌活性，这种活性主要体现在蜂王浆的蛋白和肽类成分中。加拿大学者发现王浆主蛋白1（MRJP－1）有高效的杀菌能力，其对枯草芽孢杆菌（Bacillus subtilis）和大肠埃希菌（Escherichia coli）培养过夜的菌株均能引发明显的聚集效应，同时会使细菌的形态发生明显变化，包括细菌原生质体的生成以及细胞壁和细胞的溶解。同时，还检测了含糖蛋白的MRJP－1对多种耐药菌株的杀菌作用，结果显示MRJP－1对多种耐药菌株的杀灭效果良好，有作为广谱抗菌药物的潜力。有学者对蜂王浆中的多肽成分royalisin（王浆素）的抗菌能力进行了深入研究，与其他昆虫防御素相比，royalisin 的羧基段多出 11 个氨基酸，故采用大肠埃希菌反应原理去除羧基段这 11 个氨基酸的 royalisin，并将这一重组多肽命名为 royalisin - D；同时使用二硫苏糖醇破坏 roaylisin 和 royalisin - D的二硫键。抗菌实验结果显示，royalisin - D 的抗菌能力有所降低，而破坏二硫键后的 royalisin 和 royalisin - D 的抗菌能力都明显下降，这表明 royalisin 羧基段多出的这 11 个氨基酸和二硫键与其抗菌功能的发挥有着密切的关系。Jelleine 是蜂王浆中的抗菌肽之一，已有研究发现 Jelleine 的 N 端残基对其抗菌功能有着极大的影响。巴西学者通过分子动力学模拟对 Jelleine 1 - 4 的抗菌能力进行了分析比较后发现，与 Jelleine 1 N端的脯氨酸残基相比，Jelleine 2 和 Jelleine 4 N 端的苏氨酸残基以及 Jelleine 3 N 端的谷氨酸残基会吸引更多的水分子，从而降低与细菌细胞膜的亲和性；进一步对 Jelleine 1 的作用机制进行深入研究后发现，Jelleine 1 会和细胞膜磷酸酯的头部基团结合，然后相互聚集最终导致细胞膜破碎。

蜂王浆中的小肽能抑制枯草芽孢杆菌，但却不能抑制大肠埃希菌，显然蜂王浆对大肠埃希菌的抑制作用是由其他成分引起的，这说明蜂王浆中可能含有多种抗菌防腐成分，不同的抗菌成分抑制不同的微生物。蜂王浆是蜜蜂幼虫和蜂王的食物，考虑到蜂王和蜜蜂幼虫的特殊生理状态及其对蜂群的重要意义，蜂王浆不仅要营养非常全面，能满足幼虫发育和蜂王生理的需要，而且要高度安全，保证幼虫正常发育和蜂王不受伤害。由于蜂王浆营养丰富，而且处于一个开放的体系中，有可能接触多种微生物而被污染，如果没有一个良好的抗菌防腐体系，则很容易滋生微生物而产生腐败，从而影响其营养价值，进而影响蜜蜂幼虫的发育和蜂王的健康。因而蜂王浆中肯定有一个良好的防腐体系，不仅能在一定程度上防止微生物的生长，保证蜂王浆质量的稳定，而且是高度安全的，不会对蜂王及蜜蜂幼虫产生任何不良的影响。这就决定了蜂王浆中含有多种抗菌成分，因为每一种抗菌物质都有一定的抗菌谱和抗菌作用浓度，没有哪一种抗菌物质是万能的，能抑制所有腐败微生物的生长，只有多种不同作用机理的抑菌成分协调地组合在一起，才能构成一个良好的防腐体系；而且相对于成分单一的防腐体系，这种多组分的抗菌体系更为安全。因在这种体系中，每种抗菌物质只需要抑制其特征的对象微生物，而每种成分都只要求一个较低的抗菌浓度，故不会因其中的某一种或几种抗菌成分浓度太高而对蜜蜂细胞产生伤害。

蜂王浆及其衍生物也具有广泛的抗菌活性。Royalisin 是一种从蜂王浆中分离出来的抗菌肽，对革兰氏阳性/阴性菌具有抑菌活性。王浆素会降低某些革兰阳性菌的疏水性，以及其细胞膜的通透性，从而导致细菌细胞壁和细胞膜的破坏和功能失调。黄酮素是蜂王浆中的一种昆虫防御素，能对抗真菌、革兰氏阳性/阴性细菌。蜂王浆特有的脂肪酸 10 - HDA 在蜂王浆的抗菌活性中也发挥重要作用。利用亲和层析技术从蜂王浆中分离的糖蛋白组分对细菌具有很强的生长抑制和杀菌性能。分离的蛋白作用于大肠埃希菌和枯草芽孢杆菌时，能够诱导细胞形状变化并呈现出浓度和时间依赖性的变化特征，细丝和原生质球的出现分别与生长抑制和杀菌作用相关。

2019 年，科学家首次在蜂王浆中成功分离出含有外泌体样囊泡（exosome - like vesicles，ELVs）的蛋白质，通过对其抗菌特性的评价发现，ELVs 对金黄色葡萄球菌具有抑菌、杀菌和生物膜抑制作用（抑制 50% 的生物膜形成），这表明蜂王浆中的 ELVs 有助于预防或治疗伤口源性感染。

蜂王浆的抗菌谱为大肠埃希菌、金黄色葡萄球伤寒杆菌、链球菌、变形杆菌、枯草杆菌、结核杆菌、星状发癣菌和表皮癣菌等。蜂王浆的抗菌消炎作用与 pH 有关。在天然状况下，它的抗菌消炎性最强。

促炎细胞因子（IL - 1、IL - 8、TNF - α 等）、核因子 - κB（NF - κB）信号通路的过度产生和激活在肠炎、类风湿关节炎（rheumatoid arthritis，RA）等慢性炎症中起重要作用。研究表明，蜂王浆中 10 - HDA、10 - 羟基癸酸（10 - HDAA）和葵二酸（SEA）均呈剂量依赖性抑制主要炎性介质、促炎细胞因子和一氧化氮（NO）的释放。这 3 种脂肪酸类物质在调节一些关键炎症基因的同时还可调控参与丝裂原活化蛋白激酶（mitogen activated protein kinases，MAPK）和 NF－κB 信号通路的蛋白，其中 10－HDA 的调节作用较为突出。另外，10－HDA 还能促进受体拮抗细胞因子 IL－1ra 的产生，IL－1ra 可抑制肿瘤细胞增长及主要促炎细胞因子 IL－1 的产生。

不仅如此，蜂王浆的抗炎与创伤修复作用间还存在紧密联系。动物试验显示，应用蜂王浆治疗口腔黏膜炎及胃溃疡，可加快创面的愈合速度，有效保护口腔黏膜和胃黏膜。蜂王浆可通过抑制生物膜的形成和细菌的黏附（平均减少 50% 以上）而消除耐甲氧西林金黄色葡萄球菌感染并促进创面愈合。此外，蜂王浆中富含再生生长因子、抗菌肽等，在与其他常规治疗相结合来治疗足溃疡时更安全、有效。

第四节 调节血压

高血压（hypertension，arterial hypertension）是一种以体循环动脉压升高、周围小动脉阻力增高，同时伴有不同程度的心排血量和血容量增加为主要表现的临床综合征。在非药物控制的前提下，一般将收缩压≥140mmHg 和/或舒张压≥90mmHg（≥140/90mmHg），称为高血压。

引起高血压的主要因素有遗传因素、环境因素（不良饮食、精神刺激、吸烟等）、肥胖、药物、其他疾病因素等。大多数高血压起病缓慢，缺乏特殊临床表现，往往在测量血压时或发生心、脑、肾等并发症时才被发现。患者多表现为头晕、头痛、眼花、耳鸣、失眠、乏力等症状。长期高血压可能导致多种心血管疾病，并可影响到靶器官（心、脑、肾等）结构和功能的改变，最终导致心力衰竭、肾衰竭和脑卒中等严重后果。

近年来，蜂王浆的抗高血压和舒张血管作用越来越受到人们的关注。蜂王浆有明显的降压作用，并有双向调节作用，对高血压者有降压作用，对低血压者有升压作用，对冠状动脉硬化和脑血栓患者有减轻作用。奥地利学者研究发现，食用蜂王浆等蜂产品能清除血液中 20% 以上的有害物质；日本学者认为，清除人体血液中的“垃圾道”“泥石流”，能延年益寿，不饱和脂肪酸是治疗心血管疾病的重要物质，而富含不饱和脂肪酸的蜂王浆能很好地解毒排毒，清除人体垃圾，维持血压正常。

一、蜂王浆的降脂降压作用

血脂过高、肥胖是造成高血压的主要因素之一。蜂王浆中的牛磺酸与胆酸结合，参加对脂类的消化吸收，可将机体贮存的脂肪和蛋白质转化为能量供人体所需。脂肪和蛋白质转化为能量必须在钾的帮助下才能顺利进行，因而钾被大量消耗。人体中的钾是有限的，容易使人体缺钾而导致并发症。在蜂王浆所含有的矿物质中，钾的含量最高，为 650mg/100g 干重。因此，服用蜂王浆同时可使患者获得足量的钾，有利于降低患者的血脂和帮助减肥。流行病学研究发现，人体钾摄入量与高血压呈负相关，高血压患者在服用蜂王浆补充钾后，可促使血压降低。这是蜂王浆中的钾含量可以对抗高钠引起的高血压效应。如果高血压患者在接受限制钠饮食治疗的同时辅之以蜂王浆，则可降低和对抗高钠引起的机体生化与代谢异常。实验证实：机体组织内可利用钙量减少时，导致钙的膜稳定作用减弱。通过饮食摄入钙可使组织利用钙量明显增多，从而促进膜稳定作用，造成血管平滑肌松弛，外周血管阻力下降，使血压降低。蜂王浆中钙含量也较高，因而服用蜂王浆能帮助高血压患者降低血压。

二、双向调节血压的功能

服用蜂王浆可将患者的血压控制在一个适当的水平，消除患者的不适感，提高患者的生活质量。蜂王浆中的高含镁量（85mg/100g 干重）是其能双向调节血压的重要因素。实验表明：在缺镁状态时，血管反应增强，使心血管的发病率增高。高血压患者的镁离子摄入量显著少于正常人，不同群体内镁摄入的多少与血压呈负相关。高血压患者服用蜂王浆后，细胞内镁离子可以稳定细胞膜上的钙通道，激活钙泵，调节钠－钾 ATP 酶的活性并参与神经递质的合成与分泌、能量代谢过程，以及平滑肌细胞收缩机制中肌球蛋白与肌动蛋白的相互作用。同时，细胞外镁离子可直接影响血管平滑肌的稳态张力，以及对加压物质的敏感性，缺镁时血管阻力显著提高。

蜂王浆含有的磷物质有降低血清胆固醇的作用，提高高密度脂蛋白含量和改善血液高凝状态，使血液中的胆固醇不致沉积在血管壁上。蜂王浆不是单纯地降压，而是有效地改善血液的品质，修复血管的损伤以及恢复已经受损器官的功能。因此，蜂王浆通过纠正人体内升压和降压的机制，调节血压调控物质的平衡失调，使机体血流动力学异常自行纠正，从根本上改善血液循环和内环境，使血压下降后不致再回升，彻底恢复机体调压机制。同时，蜂王浆在辅助治疗高血压的过程中，具有的双向调节功能，能防止血压降得过低，造成低血压症，对身体产生危害。

三、全方位地辅助治疗高血压

蜂王浆含有大量的生物活性物质，对人体有着重要的生理功能。蜂王浆服用后，在调节患者血压的同时，可有效地预防心脑血管并发症和其他危险因素。蜂王浆中的活性蛋白酶有胆碱酯酶、葡萄糖氧化酶和超氧化物歧化酶等；活性蛋白包括γ－球蛋白、酶、活性多肽、类胰岛素等。因此，蜂王浆可从多方面有选择地调节和增强人体代谢能力，促进内分泌活动，提高机体的应激能力，使人体异常恢复平衡，对非病毒细菌感染的疾病（如高血压、高血脂、心血管疾病等）有控制和调理效果。

高血压是一种以动脉血压持续升高为主要表现的慢性疾病。全身血管承受长期超极限的额外压力，导致血管的脆性损伤，最后引起血管的破裂、堵塞。各种血管疾病、肾脏病等都可由高血压引起。更为严重的是高血压还与高血糖、高血脂等症一起，共同作用造成全身各组织器官的慢性损害，导致脏器功能的丧失。利用蜂王浆治疗高血压可从机体的全方位调节和治理。蜂王浆在降压的同时，不仅能调节血糖、血液黏稠度和血脂，还能改善和恢复全身血管与组织器官的功能，使高血压患者得到完善和彻底的治疗。

蜂王浆中至少含有26种游离脂肪酸，其中有壬酸、癸酸、亚油酸和花生酸等，是一些具有特种保健功能的脂肪酸，可调节人体多种生理功能。其中的亚油酸和花生酸，这两种不饱和脂肪酸有明显的降血脂效果。蜂王浆中的黄酮类化合物，亦有很好的降血脂作用，可有效地防治动脉粥样硬化，增强机体的免疫力。蜂王浆能有效地降低高血压患者的血清胆固醇，提高体内高密度脂蛋白的含量，因而有利于动脉硬化的防治和使冠状动脉内皮细胞功能障碍逆转。

四、蜂王浆疗法无不良反应，预后效果好

利用蜂王浆辅助治疗高血压，长期服用无不良反应，而且可以防治常规药物对身体的损害。常规治疗高血压的药物大都以西药为主，如利尿剂、受体阻滞剂、血管扩张剂等，这些药物只能降压，不能修复受损害的血管。患者一方面不得不终生服药，一方面又不能不承受降压药对身体的危害；一旦停药，血压还会上升。降压药对身体的各种危害会进

一步加重，久而久之会导致多种生理功能的丧失，甚至危及生命。利用蜂王浆辅助治疗高血压，不仅可以有效地降压，而且对于药物所造成的各种损害具有防治作用，同时还能防止患者的脑萎缩，避免产生认知障碍和恶化为痴呆症。据美国有关研究，慢性高血压患者即使服用有效降压药后，也可引起脑萎缩。有多年（10 年以上）病史的慢性高血压患者的脑室增大，脑组织缩小，这是由于长期受高血压的影响，患者的脑动脉变厚、变硬，脑部血流减少，从而引起部分神经细胞和脑白质组织受损死亡。

第五节　调节血糖

血液中的葡萄糖称为血糖（Glu）。葡萄糖是人体的重要组成成分，也是能量的重要来源。正常人体每天需要很多的糖来提供能量，为各种组织、脏器的正常运作提供动力。所以，血糖必须保持一定的水平才能满足维持体内各器官和组织的运转需要。

正常血糖范围是：空腹 3.61 ~ 6.05mmol/L（65 ~ 109mg/dl）；餐后 2h <7.77mmol/L（ <140mg/dl）。影响血糖的因素有很多，包括饮食因素、运动因素、精神刺激、疾病因素等。

糖尿病是一种危害性极大的慢性病，它的主要表现为饮多、食多、尿多、消瘦和血糖值升高。遗传因素、社会环境和自然环境的恶化、生活方式的改变等导致了糖尿病的发病率逐渐上升。患者体内物质代谢紊乱易引起如心脏、视网膜以及脑血管等多器官的并发病变。糖尿病包括胰岛素绝对性缺乏的 1 型糖尿病和胰岛素相对缺乏的 2 型糖尿病。研究发现，在遗传基因、环境恶化、自身免疫系统等因素的影响下，胰岛 β 细胞受到损伤甚至死亡，导致了胰岛素分泌绝对不足而出现 1 型糖尿病。

相比之下，2 型糖尿病是一种受遗传因素、环境质量下降、β 细胞功能缺陷等影响而引起的胰岛素进行性分泌相对不足和胰岛素抵抗的复杂疾病。

临床上治疗糖尿病的常用药有 DPP－4 抑制剂、二甲双胍、磺脲类以及噻唑烷二酮类等。其疗效显著，但由于选择性低，不良反应也明显，甚至会损伤人体消化、泌尿、免疫等系统，降低患者的生活质量。因此，从大自然中找到一种天然又有效的药物来治疗糖尿病尤为重要。蜂王浆在古代中医常被用作治疗糖尿病的佐剂，有着悠久的药用历史。近现代经过深入的研究发现，蜂王浆在治疗糖尿病方面有明显的潜力与优势。

对于蜂王浆治疗糖尿病的功效，国内外早有相关报道。有学者发现，2 型糖尿病患者持续 8 周每天摄入蜂王浆 3g 后，血糖值明显降低。蜂王浆冻干粉是将冷藏的蜂王浆经过真空低温干燥而成，这种脱水方法能够保护蜂王浆活性蛋白质，其药理作用与蜂王浆相当。国内学者采用蜂王浆冻干粉结合饮食控制法，探究其对糖尿病病人血糖指标的影响，结果表明，大部分患者 12 周内血糖指标降到正常，症状基本消失，其中长病龄患者有效率为70%，初患者有效率达到100%。上述研究证实，蜂王浆对糖尿病的疗效是确切的。

一、发挥胰岛素样活性与改善胰岛素抵抗

胰岛素为人体中唯一有降血糖功能的激素，其中，胰岛素抵抗、胰岛素分泌不足则是糖尿病的重要发病原因。研究表明，在蜜蜂体内有一种与脊椎动物胰岛素结构及生物学特征相似的肽，并发挥着胰岛素样活性，它可能是发挥降血糖功效的有效成分。

二、抑制 α－葡萄糖苷酶的活性

α－葡萄糖苷酶是一种在碳水化合物分解过程中扮演着重要角色的糖苷代谢酶。通过抑制小肠上皮细胞上的 α－葡萄糖苷酶活性，可以延缓机

体对葡萄糖的吸收，控制餐后血糖水平的升高，防治2型糖尿病及其并发症。研究发现，蜂王浆蛋白肽可以抑制α-葡萄糖苷酶的活性，使餐后血糖值降低，治疗糖尿病。在体外实验中发现，蜂王浆蛋白肽浓度越高，α-葡萄糖苷酶的抑制率越高，其IC50（被测量的拮抗剂的半抑制浓度）为6.94mg/mL，当其浓度达20mg/mL时，抑制率为63.86%。其中酸性蛋白酶是制备蜂王浆降血糖活性肽最佳的蛋白酶。另外，有研究者通过蜂王浆中水溶性蛋白质及活性多肽的提取，发现胃蛋白酶水解产物中分子质量小于650μ的小肽对于α-葡萄糖苷酶的抑制表现出最高的活性，达到约47%，且蛋白质酶解产物活性的变化与水解程度、多肽含量及肽段大小有关，表明蜂王浆发挥着抑制α-葡萄糖苷酶活性的作用。

三、抑制细胞糖异生反应

AMPK是一种参与多种代谢调节的激酶，为糖尿病研究关键靶点，在机体能量代谢平衡方面起着总开关的作用。蜂王浆可以上调脂联素（AdipoQ）、磷酸化腺苷酸激活蛋白激酶（pAMPK）蛋白及脂联素受体1（AdipoR1）信使核糖核酸（mRNA）的表达，进而抑制了肝脏中糖异生的关键酶葡萄糖-6-磷酸酶（G6Pase）表达，改善高血糖症。另外，蜂王浆提取物10-HDA也可以：①由细胞外的钙/钙调蛋白依赖性激酶β（CaMKKβ）介导激活AMPKα，以非胰岛素依赖方式促使葡萄糖转运蛋白（GLUT4）向细胞质膜（PM）的转位，增强了骨骼肌组织对于葡萄糖的吸收；②激活肝脏和肌肉中过氧化物酶体增殖物激活型受体γ共激活因子1α（Pgc-1α）mRNA的表达，从而改善了胰岛素的敏感性和降低了血糖含量。

四、抑制水-甘油通道蛋白-9（AQP9）表达

AQP9为水通道蛋白家族中的一员，广泛分布于人体，在脑组织、肝脏、睾丸中均有表达，尤其在面向血窦的肝细胞基底外侧膜有高表达，

并且在肝脏内通过运输甘油来促进糖和脂质代谢。据相关研究，AQP9 在肝脏甘油代谢中发挥着重要作用，且在 1 型、2 型糖尿病中的表达明显上调，因此通过对 AQP9 表达水平的调控来抑制肝脏对甘油的摄取，或许可以有效地抑制肝脏糖异生的作用，控制血糖水平。相关研究也表明，经过敲除 AQP9 基因的小鼠与对照组相比，血中甘油和三酰甘油含量显著上升，空腹血糖显著下降，说明 AQP9 参与了甘油的转运，并且在糖代谢的过程中起着重要作用。而另一项研究表明，蜂王浆中的 10 - HDA 可以使 AMPK 和蛋白激酶 B（Akt）磷酸化，抑制 HepG2 细胞中 AQP9 的表达，促进糖酵解，从而降低血糖水平。

五、保护胰岛 β 细胞

胰岛 β 细胞在维持胰岛正常生理功能方面发挥着重要作用，胰岛 β 细胞功能受损或死亡可导致胰岛素制造功能障碍，出现糖尿病。蜂王浆能够避免小鼠的 β 细胞被四氧嘧啶诱导损伤，进而抑制小鼠的血糖升高。此外，一种以蜂王浆、灵芝和人参为主的蜂王浆中药复方制剂（FSL）也可以使小鼠的高血糖值降低到正常水平：①降低由四氧嘧啶造成的胰岛 β 细胞损伤率，并修复已被损坏的胰岛 β 细胞，从而恢复胰岛 β 细胞的再生能力和胰岛素的分泌功能，使其恢复良性循环，发挥作用。②发挥保护肝脏作用，减少糖原分解。

第六节 调节血脂

高血脂（Hyperlipemia）又称高脂血症、血脂异常、高脂蛋白血症，是指血浆中一种或多种脂类物质高于正常水平，包括胆固醇、甘油三酯、磷脂和非游离脂肪酸等，多由脂肪代谢或运转异常造成。血脂不溶于水，与特殊蛋白质结合，以脂蛋白形式存在于血浆中，故血脂异常多表现为脂蛋白异常。临床上将血脂异常分为高胆固醇（CH）血症、高甘油三酯（TG）血症、混合型高脂血症、低高密度脂蛋白血症。高脂血症对身体的损害是隐匿的、逐渐发展的和全身性的，如果血中脂类物质过多，它们就会逐渐滞留在动脉血管的壁上，使动脉血管壁增厚、变硬，形成动脉粥样硬化，从而诱发一系列疾病，如冠心病、脑栓塞、颈动脉狭窄等。

目前，中国成人血脂异常总体患病率高达40.4%。高脂血症是导致动脉粥样硬化进而形成心血管事件的主要因素之一。多发于饮食不合理、缺乏锻炼、肥胖、不良生活习惯、有原发病（如糖尿病）的人群。临床上常用贝特类药和他汀类药物预防和治疗高血脂，这些药物主要是通过减少细胞中游离胆固醇，加速清除循环中极低密度脂蛋白（VLDL）、中等密度脂蛋白（ILDL）和低密度脂蛋白（LDL），抑制肝脏内VLDL合成。这些药物的降血脂效果不错，但是长期服用有较大的不良反应，可导致肝肾损害。随着人们对天然活性成分功能认识的加深，越来越多天然产物或天然提取物被用于治疗和预防高血脂。

蜂王浆是一种营养丰富、生物活性很强的天然产品。其具有的生物活性功能已有许多得到验证，如抗氧化、抗菌、调节心脑血管系统、免疫调节等。蜂王浆对心血管系统的调节作用包括调节血糖、血脂和调节血压等方面。有德国研究者发现，蜂王浆有降低血糖，提高高密度脂蛋白水平的功能。蜂王浆的降血脂功能也引起了人们极大的关注。

大量研究表明，蜂王浆可以通过改善血脂状态降低患心血管疾病的风险。MRJPs（蜂王浆主蛋白）具有较高的胆汁结合力，特别是MRJP1和MRJP2可通过抑制胆固醇在空肠中的胶束溶解度来减低胆固醇的吸收，破坏胆汁酸在回肠的重吸收，促使过多的胆固醇随粪便排出，从而起降低胆固醇的作用。另外，有研究表明，MRJP1和MRJP2通过提高轻度高胆固醇血症患者的脱氢异雄酮硫酸盐（DHEA-S）等性激素的浓度，降低血清总胆固醇（TC）和低密度脂蛋白胆固醇（LDL-c）水平。LDL-c超标一般被认为是心血管疾病的前兆，摄入蜂王浆后VLDL降低可能是引起TC和LDL-c降低的主要原因。

蜂王浆所含不饱和脂肪酸，特别是亚油酸、花生四烯酸、10-HDA有明显的降血脂作用。蜂王浆中的核酸、类胰岛素和黄酮类化合物可明显提高高密度脂蛋白水平，降低胆固醇及低密度脂蛋白水平。蜂王浆中的烟酸维生素B_3是辅酶的组成成分，它能抑制脂肪酶活性，从多方面降低甘油三酯和极低密度脂蛋白水平，促进中性胆固醇经肠道排泄，缓慢地减少胆固醇和低密度脂蛋白的含量；VB_6和叶酸能有效地降低血清高半胱氨酸的浓度，因而能防止血管发生硬化和梗死；VE可与低密度脂蛋白胆固醇结合，预防及减缓动脉硬化；VC、VP也有降低胆固醇的作用。蜂王浆中的镁可减少血中胆固醇的含量，防止动脉硬化；钙对脂类代谢的有害物质进行化合和促进排泄，有利于防止或减轻脂类物质在血管内堆积；铬能通过调节人体脂肪代谢与胆固醇代谢，使胆固醇氧化物不易过量沉积在血管中，并能维持血液的正常胆固醇水平，提高血中高密度脂蛋白的含量；铜、硒、钾、锌等也有一定的降血脂作用。

高脂、高糖饮食和不规律的生活方式会提升胆固醇水平，胆固醇过高将引发一系列心脑血管疾病。在动物试验中发现，蜂王浆能显著降低高胆固醇饲料诱导的去卵巢兔（动脉粥样硬化兔）及动脉粥样硬化雄兔的血脂水平，降低氧化应激水平和抑制炎症反应，提高机体一氧化氮水平，有效保护血管内皮。

第七节 促进代谢

新陈代谢是指生物体能不断地与外界进行物质和能量的交换，同时生物体内也不断进行着物质和能量的转变过程，其实质就是生物体能不断进行自我更新。如果新陈代谢停止了，生命也就结束了。新陈代谢包括物质代谢和能量代谢两个方面。其中，物质代谢是指生物体与外界环境之间物质的交换和生物体内物质的转变过程；能量代谢是指生物体与外界环境之间能量的交换和生物体内能量的转变过程。新陈代谢过程中既有同化作用，又有异化作用。同化作用又称合成代谢，是指生物体把从外界环境中获取的营养物质转变成自身的组成物质，并且储存能量的变化过程。异化作用又称分解代谢，是指生物体把自身的一部分组成物质加以分解，释放出其中的能量并且把分解的终产物排出体外的变化过程。

新陈代谢是在无知觉情况下时刻不停地进行的体内活动，包括心脏的跳动、保持体温和呼吸。一个人越年轻，新陈代谢的速度就越快。这是由身体在生长造成的，尤其在婴幼儿时期和青少年时期速度更快。

蜂王浆对糖代谢的调节是双向的，当血液中血糖浓度高时，蜂王浆中的有效成分及时将糖酵解，从而降低血糖浓度，反之则促进合成。据临床研究，蜂王浆能增强机体的抵抗力主要是由蜂王浆中的丙种球蛋白起作用的结果。

蜂王浆可使大脑机能更加健全，使自主神经机能保持平衡，充满活力。蜂王浆可促进内分泌活动和细胞再生，充分调动整个机体的旺盛活力，由于组织代谢功能的改善和再生功能的加强，使整个机体得到更新。

蜂王浆中还含有与腮腺激素极其相似的物质，经研究证明此种物质能够促进新陈代谢，使人保持旺盛的活力。作用机制是促进血清蛋白形成红细胞，从而使人体血液的携氧能力加强，促进新陈代谢。

第八节　健脑益智

研究表明，大脑借助于眼、鼻、耳等感知器官，每 10 秒钟可接收 1000 万个信息单位，其中视觉 400 万个，触觉 500 万个，听觉、嗅觉、味觉 100 万个。大脑细胞之间能相互沟通信息，主要是依靠神经递质来实现。脑内约 70 多种神经递质的合成离不开蛋白质、碳水化合物、脂肪、多种维生素和矿物质，而所需营养物质，人体很少能通过体内其他物质合成，只能通过摄食来供给。研究发现，大脑储存信息越多的人越聪明，记忆力强。而经常服用蜂王浆可以增强记忆力，保持思路敏捷、精力充沛，并可明显缓解精神紧张状态。这与蜂王浆为大脑提供所需的营养物质是分不开的，成分较为复杂的蜂王浆中和智力有关的营养素主要有以下五类：

一、蜂王浆中的脂类是智力的物质基础

脑细胞的 60% 是由脂类中的类脂组成的，类脂的种类很多，包括磷脂（神经磷脂、脑磷脂和卵磷脂）、固醇和类固醇等，是构成细胞的主要成分。如体内亚麻酸和亚油酸可进一步代谢成二十碳五烯酸（即 EPA）和二十二碳六烯酸（即 DHA）两种脂肪酸，DHA 在大脑组织中占总脂肪量的 24%~37%，对脑细胞发育起重要作用。如果老年人脑组织中 DHA 水平较高，神经细胞“网络”的功能仍会良好，即使有脑细胞老化或死亡，也不会过早发生记忆力减退或出现老年痴呆的症状。EPA 能保证大

脑细胞热量和营养需求，并有降血脂、预防冠状动脉粥样硬化和减少心脏组织缺血的作用。特别是大脑信息的捕捉、筛选、传递与储存，还需要一种重要的化学物质——乙酰胆碱，它是中枢神经间传导信息的“忠实使者”，它使大脑具有灵敏的反应性、应激性、传导性和联想性，所以乙酰胆碱又被称为“记忆素”。当代记忆权威学说——神经递质学说表明：大脑记忆功能的强弱主要取决于大脑内乙酰胆碱的含量，当大脑内乙酰胆碱的含量高时，记忆脑区神经传导功能就强，脑神经之间信息传递速度就快，人的记忆力就增强，各项脑功能也相应得到改善。反之，乙酰胆碱的含量降低，记忆区神经传导功能就减弱，脑神经细胞之间信息传递速度就慢，记忆力就下降，就会出现各种脑功能障碍。因此，保持和提高大脑中乙酰胆碱的含量，是解决记忆力下降、提高智力的根本途径。

蜂王浆中至少有26种游离脂肪酸，其中有壬酸、癸酸、亚油酸、花生酸等。特别值得强调的是，蜂王浆是富含“记忆素”的食品，而且与其他食品不同，它是以乙酰胆碱形式存在，不像其他食品是以胆碱形式存在，在人体内要通过生化反应才能合成具有生理活性的乙酰胆碱。同时蜂王浆乙酰胆碱含量较高，据日本学者测定，每100g蜂王浆中含乙酰胆碱95.8mg。服用蜂王浆后，乙酰胆碱能直接被神经细胞吸收利用。这样就可免于在体内重新合成的生化反应，特别是对那些有合成障碍的人更为有利。

二、蜂王浆中的蛋白质、氨基酸是智力的源泉

蛋白质是生命的基础。脑细胞约有35%是由蛋白质构成的，仅次于脂类，蛋白质是细胞增生和增大的物质基础，大脑的兴奋和抑制以及发挥记忆力、思考、语言和运动能力也是依靠蛋白质的作用来完成。蛋白质由氨基酸组成，有些氨基酸或氨基酸衍生物是生成神经递质的原料，

神经递质是传递神经信号的物质，人与人之间智力的区别与神经递质的多少有关，如乙酰胆碱、γ－氨基丁酸、5－羟色胺、甘氨酸、谷氨酸以及若干种多肽等神经递质充当了突触之间“绿衣使者”的角色。各自把不同的信息由一个神经细胞传递到另一个神经细胞，从而保证了信息畅通，使大脑变得主动灵活，思维敏捷，记忆力强。美国学者沃特曼指出，组成蛋白质的酪氨酸、苯丙氨酸、亮氨酸、色氨酸及缬氨酸就是健体必需氨基酸，其中酪氨酸、色氨酸对大脑的活动尤为重要，这两种氨基酸浓度高时，能促进大脑的发育，脑内的特定神经细胞功能增强，有利于神经兴奋的传导，能更好地发挥记忆与思维功能。研究还证实，游离氨基酸——牛磺酸是大脑中含量最多的氨基酸之一，是脑细胞之间相互传递信息的介质。它能增强婴儿脑细胞量，促进脑细胞网络的形成和延长脑细胞存活的时间。因此，牛磺酸对婴儿的大脑、神经系统、智力等起着极为重要的作用。

蜂王浆中蛋白质含量丰富，干品中蛋白质约为50%。水溶性蛋白和非水溶液性蛋白含量之比为9:1，作为营养食品，蜂王浆中的蛋白质极易被人体吸收利用。蜂王浆中还含有20多种氨基酸，大都以游离状态存在，易被吸收利用，特别是牛磺酸含量丰富，牛磺酸含量平均为20.89mg/100g，远远超过初乳5.2~6mg/100mL的含量。因而，蜂王浆能为大脑和信息传递畅通提供充足的营养。

三、蜂王浆中的糖类是智力的能源

一个成年人的大脑只占体重的2%，而需要的能量却占总能量的20%，每天大脑约需消耗100~120g糖类进行各种思维活动，其中85%以上是葡萄糖，但脑内存的葡萄糖是有限的，必须依靠血糖不断补充，血糖是通过食物的摄取而得到的。如果血糖降低则影响脑细胞的功能，出现头晕无力，注意力不集中，烦躁不安，心烦意乱，学习效率下降。

蜂王浆中含有一定的糖类物质，其中含有 20%～39% 的糖，主要是葡萄糖（占含糖总量的 45%）和果糖（占 52%），麦芽糖、龙胆二糖、蔗糖各占 1%，可以为大脑提供良好的能源。

四、蜂王浆中的维生素是智力的强化剂

研究表明，维生素与强化智力有密切关系。维生素 E 有护脑、抗衰老作用，因为它有很强的抗氧化性，可以保护脑中不饱和脂肪酸不被氧化，使脑细胞结构完整，功能兴盛，如缺乏会引起各种智能障碍；维生素 B_1 参与氨基酸和脂肪酸的合成，同时还对神经细胞膜传递高频脉冲起重要作用；维生素 B_5 与一种神经质合成有关，缺乏时引起忧郁、焦虑、记忆力减退，严重者精神错乱或痴呆；维生素 B_6 缺乏会导致神经细胞衰退，功能变弱；维生素 C 在促进脑细胞结构的坚固、防止脑细胞结构松弛与紧缩方面起着相当大的作用，并促使神经管通透性好转，使大脑及时顺利地得到营养补充，从而使脑力好转，智力提高；维生素 A 是维持视力的重要物质，也可促进脑细胞的发育，如缺乏则可引起智力低下；维生素 PP 是人体内电子转移系统的起始传递质，缺乏时主要表现为口腔炎、皮炎、痴呆、头痛、失眠、精力分散等。蜂王浆中含有多种维生素，特别是维生素 B 含量丰富，其次是维生素 A、维生素 E、维生素 C、维生素 D 和维生素 K。蜂王浆是可全面提供人体所需维生素的良好原料。

五、蜂王浆中常量和微量元素是智力的催化剂

常量和微量元素是人体代谢不可缺的物质，其中有很多元素也是大脑营养和智力的催化剂。锌是大脑思维的火花，是 60 多种酶的激活剂，与记忆力息息相关的蛋白质和核酸的合成也离不开锌元素；铁是大脑送氧的运输车，可使人注意力集中；钾、钠对脑细胞之间的信息传递起着

至关重要的作用，1000 亿个脑细胞有多达 100 万个“钠泵”，钾钠不足则影响大脑的活动和信息的及时传递；钙可抑制脑神经的异常兴奋，保持脑的正常状态，摄入充足的钙还能减轻精神疲劳，使大脑才思敏捷；锰对脑组织中氧化还原和磷酸化过程起重要作用，还和其他离子一同参与中枢神经系统内神经介质的传递，是维持脑功能必不可少的元素；铜是大脑动作的调剂员；硒是大脑的安全卫士。此外，镁、铬、钴等对大脑神经的兴奋与抑制也起重要作用。蜂王浆中含有多种常量和微量元素，100g 蜂王浆干物质中含有 0.9g 以上，有的高达 3g，其中钾 650mg、钠 130mg、钙 30mg、镁 85mg、铜 2mg、铁 7mg、锌 6mg，还有锰、钴、铬、钼、镍等大脑所需的微量元素。

六、护脑作用

10 - HDA 是蜂王浆中重要的活性成分之一，研究发现 10 - HDA 具有护脑作用。使用原代海马神经元细胞、SD 大鼠和 BALB/C 小鼠作为试验模型来研究长期服用 10 - HDA 对大脑健康以及身体理化指标的影响，结果显示10 - HDA能促进原代海马神经元细胞生长和神经突延长，增加神经元之间的联系，并能提高原代海马神经元细胞在缺氧及谷氨酸盐刺激环境下的活细胞比例，同时改善线粒体状态；在 SD 大鼠中，10 - HDA 能有效减少大鼠的焦虑行为，增加老年大鼠体重并呈现出剂量依赖性，同时还能缓解因行为学测试引起的体重下降。

第九节 促进生长发育

在“蜜蜂王国”中蜂王和工蜂都是由受精卵发育而成的，但由于蜂王终生都吃蜂王浆，而工蜂只在婴儿时期吃蜂王浆，以后改为吃蜂蜜和蜂花粉，因此，蜂王发育成生殖器官健全的雌性蜂，工蜂则发育成生殖器官不健全的雌性蜂；而且蜂王身长比工蜂几乎长 1 倍，体重比工蜂重 2 倍。这说明蜂王浆具有独特的促进生长发育的作用。

终生吃蜂王浆的蜂王，寿命一般可达四五年，最长可达八年，而工蜂寿命仅为一两个月，差别巨大。这说明蜂王浆具有延年益寿的作用。人们把蜂王浆视为生命的长寿因子，是十分确切的。

蜂王浆有促进动物生长的作用，能加快小鼠、家兔、小牛、小羊的生长，使动物体重显著增加，毛皮增厚。国内外的实践证明，蜂王浆对患病婴儿有极好的促进生长发育作用，婴儿服用了蜂王浆后，改善了营养状况，增强了抗病能力，加之蜂王浆特种成分的作用，可使生长迟缓的婴儿恢复发育进度，增加体重。

现代研究表明，蜂王浆能促进婴幼儿生长发育和健康的作用是多种因素综合作用的结果。首先是蜂王浆中的氨基酸和泛酸的作用。氨基酸是合成蛋白质的原料，而蜂王浆中含有丰富的蛋白质和 20 多种氨基酸，尤其是其中含有人体全部必需的氨基酸，而且大都呈游离状态，易被人体吸收利用，因而对促进生长发育有良好的作用；关于泛酸对代谢的影响和作用，早在 1947 年就被里普曼（A. Lipmann）博士所阐明：泛酸在体内是辅酶 A 的成分，是蛋白质、糖和脂肪代谢中不可缺少的物质。其次是蜂王浆可使血红蛋白（血色素）以及红细胞增加而促进造血。此外，蜂王浆中还含有 16 种以上的维生素，26 种以上的游离脂肪酸以及多种活性酶、辅酶和多种微量元素等营养物质。服用蜂王浆除弥补了身体所需要的营养素外，主要是通过蜂王浆的作用解除了贫血和自主神经失调，促进了蛋白质代谢，增强了身体的抵抗力。

近年来的研究又发现和揭示了蜂王浆中丰富的牛磺酸对婴幼儿健康的特殊作用。牛磺酸是大脑中含量最多的游离氨基酸，是大脑神经元（脑细胞）之间相互传递信息的介质。它能增强婴幼儿大脑神经元的量，促进神经元核糖核酸的合成、神经元网络的形成，延长大脑神经元存活的时间。牛磺酸除对大脑发育很重要外，对于胆汁酸分泌功能尚未完善的新生儿，牛磺酸能改善与胆汁酸有关的代谢生理功能、减轻婴幼儿对脂肪的消化和吸收的负担，并能促进小儿消化道内脂肪、钙等营养物质的消化和吸收。此外，牛磺酸还能刺激骨髓产生红细胞，促进白细胞数量增加和人体生长激素的分泌。因此，及时适量地补充婴幼儿所需的牛磺酸，对婴幼儿的头脑、神经系统、智力发育及免疫功能等是极其重要的。而服用蜂王浆是婴幼儿补充所需牛磺酸的理想选择。

研究还表明，人类的脑细胞在胚胎时期就开始形成，妊娠 3 ~ 4 个月胎儿脑神经细胞开始形成与增殖，从妊娠 6 个月至婴儿出生后半年是神经细胞的激增期。因此，在此期间多服蜂王浆，正好满足了胎儿及婴儿大脑形成和发育的需要，为其今后的智力发展奠定物质基础。另外，我国台湾学者黄松田经试验发现，与普通婴儿相比，妊娠期间服用蜂王浆的妇女生出的婴儿皮肤较细白，抵抗力较强，特别不易感冒。

蜂王浆内含唾液腺素，这种物质有促进人体各器官发育成长的效果，经常食用能使肌肉、骨骼、牙齿等组织继续发育，保持活性化，常葆青春气息。随着科学研究的深入开展，蜂王浆对婴幼儿健康的作用机理会逐步明确，蜂王浆对促进婴幼儿生长和健康的作用无疑会被进一步认识并广泛地应用，使儿童健康成长，更聪明可爱。

第十节 增强造血功能

造血功能，指的是机体造血的能力，就是生产血液的功能。出生后骨髓是主要的造血器官，造血干细胞作为一种成体干细胞，主要保留在骨髓，外周血只有少量的造血干细胞。血液中有各种的血细胞，如红细胞、白细胞、血红蛋白，这些物质都是通过造血功能来生产，造血功能出现问题就会有贫血这些疾病。

实验表明，蜂王浆对骨髓组织有保护作用，能使骨髓造血机能兴奋。因为蜂王浆含有铜、铁等合成血红蛋白的原料，又有促进血液形成的B族维生素复合体，因此，它有增强造血系统的功能。实验证明，蜂王浆能增加红细胞的直径及血红蛋白、血小板、网织红细胞的数目，能使中性的白细胞减少；能使末梢血组织红细胞数明显增加，使骨髓的造血机能兴奋。因此，蜂王浆在临床上可用于辅助治疗贫血等疾病。

《中日友好医院学报》曾刊登一篇《沙棘蜂王浆的抗肿瘤作用及其对免疫、造血功能的影响》，通过研制沙棘蜂王浆进行小鼠实验，从实验数据可得，沙棘蜂王浆可明显提高机体免疫功能，包括提高巨噬细胞的吞噬功能，促进淋巴细胞的转化和B细胞反应的增强。与此同时，也观察到此调节剂对骨髓造血祖细胞的明显促进作用。根据当前造血的一元论观点，所有的血细胞包括免疫细胞都发源于多能造血干细胞，因此，提高造血祖细胞本身就意味着既改善了造血功能又改善了免疫功能。

我国学者观察了蜂王浆对病态造血组织的影响，结果是：当先用抗白血病药物6－硫嘌呤（6－MP）使小鼠的骨髓受到抑制，而后给小鼠口服蜂王浆时，蜂王浆可延长小鼠生存时间，对照组小鼠平均生存时间为6.5天，蜂王浆组小鼠平均生存时间则为13.9天，后者生存时间比前者延长 1 倍，并能减轻 6 - MP 对骨髓的抑制作用。

蜂王浆还对苯肼引起的大白鼠骨髓抑制有较好的治疗作用，使末梢血网中织红细胞明显增加，并能使骨髓的造血机能兴奋。

第十一节　润肠通便

便秘是指大便经常秘结不通，排便时间延长，经常 3 ~ 5 天甚至 7 ~ 8 天才排一次，或有便意而排便困难，是一种常见的临床病症。若便秘症状经常发生，叫作习惯性便秘，多见于老年人。便秘的发生，主要是大肠的蠕动功能失调，粪便在肠内滞留过久，水分被过度吸收而使粪便过于干燥、坚硬所致。便秘日久，常可引起腹部胀满，甚至腹痛，食欲不振；长期便秘，粪便中的有毒物质会被黏膜吸收，随血流到全身各部，会产生多方面的不良影响，出现头痛、失眠、皮肤瘙痒或生暗疮，严重时可能产生肠癌等症。

便秘的治疗方法主要有药物疗法和食物疗法，服用蜂王浆对便秘有较好的治疗效果，是有效的食疗方法。蜂王浆对便秘有一定辅助治疗的效果，蜂王浆中含有优质蛋白质和人体必需的多种氨基酸，具有药用价值，可以润肠通便，改善便秘的情况。同时，蜂王浆中还含有蛋白质、脂肪、糖类、氨基酸等，适当饮用可以增加胃肠蠕动，有利于促进体内的毒素和垃圾排泄，从而达到改善便秘的效果。并且，蜂王浆富含的 B 族维生素对于刺激肠蠕动，促进大便的排出，也有一定的辅助效果。

第十二节　抗疲劳

疲劳是机体在一定环境条件下，脑力和体力达到一定阶段时出现的一种工作效率降低的生理和心理现象，疲劳大多是由运动引起的机体一系列生化指标的改变而导致肌肉力量下降。评价疲劳的主要方法有耐力实验和生化指标的检测。测定机体持续运动到力竭的时间可以反映机体的耐力，而负荷运动引起的生化指标的变化可反映疲劳程度。另外，运动时机体耗氧量显著增加，如果体内供氧不足，就会引起机体缺氧，研究表明缺氧与中枢疲劳和外周疲劳均有密切的关系。

小鼠负重游泳试验是测量小鼠机体耐力的最经典试验之一。研究表明，MRJPs（蜂王浆主蛋白）能明显延长小鼠负重游泳时间，增强小鼠缺氧耐力，显著增加小鼠肝糖原和肌糖原含量，降低小鼠运动后血乳酸浓度，提示 MRJPs 具有缓解体力疲劳功能。结果表明，给小鼠灌胃蜂王浆主蛋白，能延长小鼠的力竭游泳时间，低剂量组、中剂量组和高剂量组的力竭游泳时间较正常对照组虽有延长，但差异没有统计学意义，说明蜂王浆蛋白对小鼠的运动能力有一定的提高作用。

人体在剧烈运动中，代谢活动增强，能源和氧的需要量增加。糖原是大强度运动的主要能量来源，它既能以无氧酵解方式又能以有氧代谢方式再合成能量（ATP）。肝糖原与肌糖原分别是能量储备和利用的直接组织，其氧化利用是运动供能的主要来源。由于机体功能的衰竭总是和糖原的耗竭同时发生，所以糖原的含量能说明疲劳发生的快慢程度。肌糖原消耗的同时，为维持血糖水平，肝糖原储备量减少。肌糖原是运动的主要能源物质，因为运动后，胰岛素下降，胰高糖素上升，皮质醇、儿茶酚胺水平上升，此时有利于肝糖原的分解，而不利于肝糖原的合成，这就使肝糖原的恢复较慢。本研究结果表明，蜂王浆蛋白组肝糖原和肌糖原含量明显高于对照组，且差异有统计学意义，说明蜂王浆蛋白能够通过增加肝糖原储备，减少肌糖原的消耗，为机体提供更多的能量，达到抗疲劳的目的。

当氧的供应少于需求，促使肌肉进行糖的无氧酵解，ATP 减少，乳酸增多，乳酸的积累抑制了脂肪的动员过程，增大了肌肉细胞内的渗透压，造成了血液中 pH 的下降，从而使肌肉输出功率、细胞酶活性、肌质网对钙离子（Ca^{2+}）转移以及肌钙蛋白对 Ca^{2+} 结合能力下降，导致疲劳发生。氧在神经细胞中也起着十分重要的作用，供氧不足导致了脑突触传递功能受阻，导致了氧自由基和大脑皮层、皮层下核团、延髓及小脑内等部位的脂质过氧化产物增加，导致了脑内多不饱和自由脂肪酸增加，而多不饱和自由脂肪酸可抑制谷氨酸的摄取，脑内自由基的增加和细胞间隙内谷氨酸的增多最终导致了神经元的严重损伤和神经疲劳的发生。本研究证明在有效剂量范围内，蜂王浆主蛋白可以延长小鼠在缺氧环境下的存活时间，蜂王浆蛋白组小鼠在常压耐缺氧时间及耐急性脑缺血性缺氧时间均较正常对照组小鼠明显延长，这两个实验结果均提示蜂王浆蛋白可以改善运动时组织缺氧状况，提高机体有氧代谢能力。

乳酸是碳水化合物无氧糖酵解的最终产物，而碳水化合物是短时间高强度运动最主要的能量来源。剧烈运动时，肌肉内糖的无氧分解加强，乳酸浓度增高。乳酸的积累是生理性运动产生疲劳的重要原因之一，而药物可通过抑制乳酸的积累和加速乳酸的清除两种机制来达到抗疲劳功效。由此，乳酸被作为判断疲劳程度、有氧代谢能力、控制运动强度等的重要指标之一。乳酸脱氢酶（Lactate dehydrogenase，LDH）活力是反映肌肉中乳酸清除代谢速度的标志之一，它的提高可以加速肌肉中过多乳酸的清除代谢，延缓疲劳的发生和加速疲劳的消除。试验结果表明，不同浓度的蜂王浆蛋白提高了运动后小鼠血清 LDH 的活力，从而加速了乳酸的清除，降低了乳酸的含量，从而延缓疲劳的发生。

机体长时间运动时，正常的能量代谢平衡受到破坏，即不能通过糖或脂肪的分解获得足够的能量，而使机体本身的蛋白质分解代谢增强，同时核苷酸的分解代谢加强，也会脱氨基生成氨，最终使血中尿素氮含量增高。随着机体对耐力运动适应性的减低，尿素氮水平可明显增加。同时血氨可能随血液流经大脑，对脑组织产生毒性作用，加重脑组织的疲劳。研究结果表明，蜂王浆蛋白能够有效降低血液中尿素氮的含量，减少血氨的生成，起到一定的抗疲劳作用。

第十三节　改善睡眠

睡眠是人类正常的生理活动，除了可以消除疲劳，使人产生新的活力外，还与提高免疫力、抵抗疾病的能力有着密切的关系。睡眠障碍通常与身心疾病相关，会造成疲劳、精神疾病，如抑郁症等，甚至引起认知功能障碍，导致生活质量下降，睡眠障碍还可能会对心脏功能、免疫功能和血糖调节产生负面影响。研究发现，睡眠障碍会对生殖系统造成一定的影响，可能会造成月经不调、不孕等。西医主要依靠化学类药物进行治疗，如抗抑郁药、巴比妥类药物等，虽然有一定疗效，但成瘾性高，依赖性强，长期服用还会产生一定的耐药性或不良反应。

一、缩短入睡时间，提高睡眠质量

国内外大量研究表明，蜂王浆中含有丰富的神经递质，如乙酰胆碱、去甲肾上腺素、牛磺酸，γ－氨基丁酸等，具有催眠、镇静的作用，还可以提高机体免疫力、预防癌症、抗衰老。蜂王浆能缩短入睡时间，提高睡眠质量。在脑干尾端存在一个能引起睡眠的中枢，通过这个中枢可调节睡眠与觉醒的相互转化。白天大脑皮层兴奋时，睡眠中枢处于被抑制状态，人就没有睡意。夜晚当大脑皮层兴奋所需要的营养和能量被逐渐消耗时，大脑皮层则从兴奋转向抑制，表现为睡眠。在睡眠中枢起作用的物质中，5－羟色氨酸是一个重要的物质。蜂王浆含有丰富的5－羟色氨酸前体色氨酸，5－羟色氨酸的降解物褪黑色素是一种睡眠启动因子，因此，服用蜂王浆能够缩短入睡时间，提高睡眠质量。

蜂王浆是纯天然绿色保健品，相关资料显示蜂王浆中的10－HDA是镇静催眠的重要成分，此外王浆中的乙酰胆碱、牛磺酸、维生素B等也可以明显地改善睡眠，使人睡眠好、精力充沛、身体健壮。

二、参与睡眠活动

有研究表明，蜂王浆中的甘氨酸能抑制神经细胞的活动，从而参与睡眠活动。甘氨酸是抑制性神经递质，部分有睡眠障碍的人在睡前服用甘氨酸，可以睡得香甜。在睡眠中有呼吸暂停和打呼噜的，在睡觉前1小时内服用20g蜂王浆，结果发现，服用蜂王浆后进入深度睡眠速度要快，睡眠时间也相对要长，消除疲劳效果较佳。研究人员由此推断蜂王浆中含有甘氨酸，服用后可帮助睡眠。

三、抑制大脑过度兴奋

蜂王浆中含有的天然γ－氨基丁酸不仅能抑制大脑的过度兴奋，使大脑细胞工作休息有机结合，还有调节焦虑、摄食、记忆、睡眠等多种高级功能。γ－氨基丁酸不仅能促进睡眠，还能改善因长期服用安眠药物而带来的头昏脑胀、记忆力下降、行动迟缓等症状。蜂王浆还含有神经鞘磷脂、磷脂酰乙醇胺及三种神经磷脂质，这些成分对于改善睡眠和调节因睡眠失调引起的免疫功能低下也有很好的效果。

四、蜂王浆中不可小看的小肽

近年来，国内外的学者对蜂王浆中的一种奇特小肽开展了深入的研究，认为其是能够通过血－脑屏障的小分子物质，从而起到促进睡眠的作用，有可能通过改变大脑神经中枢某些神经递质的数量起到调节睡眠的作用。

第十四节 延缓衰老

衰老，是一个内容复杂、涉及面广的全球性科学前沿课题。当代研究证明，生物体内形成比如超氧阴离子的自由基和羟自由基等相关活性氧，并且还具备一套完善抗氧化的保护系统，比如过氧化氢酶和谷胱甘肽酶等，其可以随时有效清除体内存在的多余活性氧，避免过氧化损害。可是，随着年龄的不断增长，机体防护能力会有所下降，剩余的自由基就会造成活性氧的浓度升高，导致蛋白质和脂类以及 DNA 等出现随机损伤，进而造成体内蛋白质变异，脂质过氧化，在一定程度上损伤 DNA 等，进而引发细胞损伤与细胞活力下降，甚至还会出现细胞死亡，从而加速衰老。其中免疫功能作为活细胞中比较古老的功能，其维护着机体相关防御反应。研究证明，个体发育成熟后不久，其免疫功能就会慢慢随着增龄而不断下降，一般表现出免疫器官，比如说骨髓和脾脏以及淋巴结，特别是免疫中心器官胸腺退变。人体免疫系统是维护机体健康的主要系统，免疫功能衰退或是丧失，就会诱发许多疾病，并且加剧组织与人体衰老。

自英国学者哈门（Dr. Denham Harman）1954 年首次提出衰老的自由

基学说以来，至今有关衰老的学说几乎都与自由基学说有关。研究衰老与自由基关系的学者普遍认为，衰老主要是由体内过多的自由基氧化作用所致。而蜂王浆中含量丰富的自由基清除剂超氧化物歧化酶、过氧化氢酶、维生素 A、C、E 等，能在体内起到清除自由基的作用，从而使人延缓衰老。蜂王浆中丰富的自由基清除剂，是蜂王浆之所以能够抗衰老的主要原因。

一、抗氧化作用

目前，蜂王浆中最受重视的抗氧化酶类清除剂是超氧化物歧化酶（SOD），SOD 相关清除自由基具备抗氧化性已经被证实。在蜂王浆中有效分离 SOD 是铜锌超氧化物歧化酶（Cu/Zn－SOD），可以利用歧化作用有效维持体内存在活性氧（ROS）浓度的动态平衡，进而确保细胞可以正常增殖，确保机体防护体系的功能，发挥出抗衰老的作用。还有研究证明，蜂王浆可以降低铁细菌（FB）的毒害作用，一般是因为蜂王浆可以抑制脂质的过氧化以及自由基的形成，同时推动谷胱甘肽过氧化物酶（GPX）的生成。依据最新报道，蜂王浆的酶解产物中可以分离三种 C 末端包括酪氨酸（Tyr）残基的酪氨酰二肽，其具备相对比较强的清除羟自由基以及过氧化氢活性，主要原因就是二肽中存在酚羟基，可以提供氢原子，从而清除自由基。另外，DNA 芯片的比较实验表明，蜂王浆可以在一定程度上减小鼠肝脏中生物活性脂质过氧化的反应程度。然而，酵母细胞的体外培养试验证明，蜂王浆可以有效减小细胞中氧化反应程度，还可以作用在蛋白表达与多种代谢途径，主要包含调节蛋白与液泡等，进而加速细胞生长，有效提升代谢活力。一系列试验证明蜂王浆中包含的 SOD 和蛋白质以及其水解产物，都具备相对比较强的抗氧化性，发挥出协同作用，有效清除超氧阴离子和羟自由基等相关活性氧，有效抑制脂质的过氧化物生成，在一定程度上降低 DNA 氧化损害，从而抵抗由于氧化损害造成的衰老。

二、免疫调节作用

在清除自由基、抑制过氧化反应的同时，蜂王浆还具有免疫调节作用，对免疫衰退引起的衰老能起到内源性的修复作用。研究表明，蜂王浆能抑制 NC/Nga 大鼠遗传性过敏症的产生，其原因在于蜂王浆能降低肿瘤坏死因子特异性的产生并提高免疫调节中介一氧化氮合成酶（i NOS）的表达。此外，蜂王浆还能促进 Th2 分泌细胞介素 IL－4、IL－5 和 IL－10，起到抑制免疫球蛋白（IgE）的作用。体外试验证实，蜂王浆及其特有脂肪酸能增加神经元细胞对 Tuj1 的免疫反应性、星细胞对胶质纤维酸性蛋白（GFAP）的免疫反应性及对少突神经胶质 2'3'－环核苷酸的 3'－磷酸二酯酶（CNPase）的免疫反应性。研究发现，蜂王浆中的糖蛋白蜂毒素能刺激人体单核细胞的增殖，还有利用蜂王浆对 EAT 小鼠造血系统的影响研究蜂王浆活化免疫系统作用的例子。

此外，有关蜂王浆中特异组分的免疫调节作用的研究也有报道。蛋白质是蜂王浆的主要功能因子，蜂王浆中的 MRJP1 能诱导巨噬细胞释放肿瘤坏死因子，对免疫系统进行调控，其蛋白酶水解产物的活性更强。蜂王浆中的脂肪酸 10－HDA 和 3,10－DDA 则表现出对异源 T 细胞增殖的抑制作用，其中 10－HDA 的抑制活性较强。体内试验则表明 3,10－DDA 对钥匙孔血蓝蛋白免疫大鼠表现出免疫抑制活性。

三、维生素作用

蜂王浆中的天然抗氧化剂如维生素 A、C、E 和微量元素硒等的比例搭配很合理。维生素 A 为脂溶性维生素，能促进人体表皮细胞的新陈代谢，增强视力。在缺乏维生素 A 时，易发生肿瘤。维生素 C 在体内参与氧化反应，对血液有较大影响，可增强机体抗感染的能力，并可有效清除自由基。维生素 E 又称生育酚，经动物实验发现，维生素 E 在清除自由基时得心应手，能遏制低密度脂蛋白氧化。黄酮类化合物在蜂王浆中也占有一定比例，这类成分有很好的抗衰防老、降血脂、抗癌等效果，所以保健食品界对其极为重视。蜂王浆中的铜、锌、锰是抗氧化酶类的辅因子，与抗氧化剂类元素硒一样，在体内它们通常与蛋白质结合并以酶的形式发挥作用。这些酶往往具有很强的自由基消除能力。

四、抑制脂褐素的产生

脂褐素是一种不溶性的控色颗粒，有淡黄色及橙红色的自发荧光，广泛地存在于人体的心脏、血管、大脑、脊髓、神经节、汗腺、肾上腺、肝、子宫、睾丸等脏器组织的细胞中。随着年龄的增长，其在细胞内含量逐渐增加并日趋密集。脂褐素的产生与体内的自由基含量有关，组织中大量的脂类成分因自由基的氧化反应而过氧化，产生醛基或羰基，导致大分子交联，最终形成不溶于酸、碱和有机溶剂的脂褐素。脂褐素沉积在皮肤上，即为人们常见的老年斑，是人体衰老的重要迹象；脂褐素沉着在神经组织中，会引起老年性痴呆；沉着在循环系统时，会影响心血管功能。毫无疑问，脂褐素与机体衰老密切相关。

蜂王浆能使动物体内过氧化脂质（LPO）和心肌细胞脂褐素明显下降，主要原因在于它能延缓自由基的形成，具有抗氧化剂的作用。特别是蜂王浆中的过氧化物歧化酶能抑制体内脂质过氧化物即脂褐素的产生，延缓衰老。同时，蜂王浆中大量的活性物质，能激活体内酶系统，促使脂褐素通过相应途径排出体外，降低体内脂褐素的含量，促进皮肤细胞新陈代谢，延缓皮肤细胞的衰老，消除老年斑。

五、蜂王浆中核酸的作用

众所周知，核酸是人类最基本的“生命源”，没有核酸就没有生命。核酸不仅提供了细胞的遗传信息、营养和活动能量，是合成蛋白质的基础；而且对人体的生长、发育、繁殖、遗传等重要的生命活动都有至关重要的作用。如果人体核酸含量不足就会影响细胞的分裂速度，引起细胞缺陷，使蛋白质合成过程缓慢，导致机体损伤、病变、衰老，乃至死亡，这是人体衰老的真正原因。细胞的健康有赖于核酸的数量和质量，如果核酸充实、健康，就能有效地抵抗衰老，延长人的寿命。一些人之所以提前衰老或者发生各种退化性疾病，大多是由于体内核酸不足，细胞里的染色体变质。不断地补充核酸，就可以延长人的寿命，延缓衰老的进程。

第十五节 美容养颜

中国传统医学认为：人体是一个有机的整体，人体中颜面、皮肤、毛发的枯荣与五脏经络气血关系密切，只有脏腑功能正常，经络气血旺盛，才能容貌不衰，皮肤细腻柔嫩，光滑润泽。这种“秀外必先养内”，注重整体调理的中医理论是养颜美容之根本，具有深刻的指导意义。法国美容大师、营养学博士帕达克就明确指出：“人应该利用食物的美容功能，结合遗传因素调整饮食结构，从而在成长中尽可能达到尽善尽美，这才是未来美容的必然趋势，而现在一心向往美的人往往忽视了这一关键性的问题，只热衷于进美容院。”可见，人体的营养平衡是美容的关键。

目前公认的天然的美容产品有蜂蜜、蜂王浆、蜂花粉、珍珠粉、蔬菜汁、果汁等，并且现在蜂产品最受青睐。蜂产品不但没有任何毒性，而且涂于面部无不适感，不会造成以往使用含铅、汞的化妆品带来的不良反应。在美容养颜方面，营养成分齐全的蜂王浆具有独特的优势和功效。蜂王浆中丰富的维生素、微量元素、酶类、氨基酸和激素，是良好的皮肤细胞滋润剂，且易被表皮细胞吸收，增强皮肤细胞活力，美容效果极好。据古埃及历史资料记载，女王克里奥佩特拉（Clepatra）用王浆来帮助她保持健康和美丽，因此在当时她一直是最美丽的女人，连她手下的女仆都得发誓对女王美容之秘诀保密。现代美容研究和实践表明，坚持服用蜂王浆，不但能使人神清气爽、身体健康，而且脸部皮肤红润，头发黑亮，保持青春的美貌，实现真正的美容。

蜂王浆之所以能有很好的养颜美容功能，是因为蜂王浆中含有人体必需的蛋白质，其中清蛋白约占2/3，球蛋白约占1/3，球蛋白是γ球蛋白混合物，有抗菌、抗毒、抗衰老作用。所含有的多肽类生长因子，能较全面地促进细胞代谢、分裂和再生，使衰老的细胞为新细胞所代替，起到强身抗衰作用。因为蜂王浆所含16种以上的维生素，也对美容有重要作用，如维生素A可促进皮肤代谢，保护上皮细胞，使肤质柔润、光洁，富于弹性，特别是能使眼睛明亮而有神；维生素B_2是抗皮炎的特效物质，可防止或清除面部色素斑与粉刺；维生素B_3可改善皮肤排泄，加速血液循环；维生素B_5有益于皮肤的神经组织，增强触觉的敏感性；维生素B_6可抑制皮脂腺活动，减少皮脂分泌，治疗脂溢性皮炎，使皮肤光洁柔润，还可延缓皮肤出现皱纹；维生素B_{12}为造血物质，可提高血红细胞活性，使肤色红润而富于朝气；维生素C是黑色素的“克星”，可使皮肤洁白细嫩，有“美容维生素”之称；维生素E可保持皮肤弹性，防止皮肤松弛、早衰；维生素H可加速皮肤细胞代谢，防止毛囊炎发生。蜂王浆还含有20多种氨基酸、多种微量元素、磷酸化合物、激素和多种活性酶等，特别是超氧化物歧化酶（SOD）可清除自由基，能减少褐色素的积累，消除老年斑。由于蜂王浆营养成分齐全，而且成分易被人体吸收，不仅能补充人体必需的营养成分，还相互巧妙结合，神奇地调节机体新陈代谢，增强体质，延缓衰老，并可以促进和增强表皮细胞的生命活力，改善细胞的新陈代谢，防止代谢产物的堆积，防止胶原及弹力纤维变性、硬化，滋补皮肤，营养皮肤，使面部皮肤滋润而富有弹性，具有亮颜美容效果。

蜂王浆中大量的蛋白质、糖类化合物、矿物质，可以快速地为人体补充能量，抗疲劳，增强人体免疫力；蜂王浆中的不饱和脂肪酸、维生素类、酶类则可以去脂、去自由基、抗氧化，从而可以防止黄褐斑、去除粉刺、去除过多的皮肤油脂、防止伤口出现瘢痕。蜂王浆中的不饱和脂肪酸、矿物质、抗菌蛋白（Royalisin）等成分，具有抗菌、促进伤口愈合的作用。蜂王浆中的有机酸使其呈弱酸性，内服蜂王浆，可以起到增强机体免疫力、促进组织再生、抗氧化等药理作用，外敷蜂王浆化妆品，蜂王浆中的水溶性物质，可借助具有良好透皮性能的物质，达到皮肤深部，从而发挥其防止黄褐斑、粉刺，去除过多的皮肤油脂，促进皮肤再生等美容功能。将蜂王浆涂于伤口表面，则可以防止伤口感染，促进伤口愈合和防止伤口瘢痕。

蜂王浆之所以具有美容的功能，主要是其中已知的活性物质所起的作用。蜂王浆中的黄酮类物质具有抗氧化的作用，减少自由基的产生，起到抗衰老的作用。蜂王浆中的球蛋白可增强毛细血管的通透性，提高皮肤活力，对丙酸杆菌引起的痤疮有明显的治疗作用。研究表明，皮肤黑色素主要是由于酪氨酸酶催化氧化酪氨酸而产生的，各种色素（老年斑、雀斑、黄褐斑）的产生还与超氧自由基有关。蜂王浆中含有的γ-氨基丁酸具有抑制酪氨酸酶的作用，因此可抑制皮肤黑色素的产生。蜂王浆中含有的SOD可以清除超氧自由基，抑制各种色素的沉积。蜂王浆中的清蛋白类是皮肤能够直接吸收的功能蛋白，对干燥性皮肤保养效果极好。蜂王浆中的乙酸、乳酸、柠檬酸、苹果酸也为美容保健奠定了基础。

羟基乙酸可较好地渗入皮肤、软化表皮角质层，在滋润肌肤，增加肌肤弹性方面效果尤为明显。乳酸作为天然的保湿因子，能有效地去除脸部皱纹。蜂王浆丰富的营养物质不仅可以满足人体需要，增加入体抵抗力，调节内分泌，平衡代谢，增强体质，促进组织再生，从而起到防病治病、美容养颜、延缓衰老的功效，同时还可以促进和增强表皮细胞的生命活力，改善细胞的新陈代谢，防止胶原和弹性纤维变性、硬化，滋补营养皮肤，使皮肤柔软、富有弹性，使面容滋润，从而推迟和延缓皮肤的老化。

蜂王浆可作为多种化妆品的原材料，不仅可以起到滋润保养肌肤的作用，还没有任何不良反应。它能够为肌肤提供足够的养分，而且可使肌肤更加白皙、细腻、富有光泽、富有弹性，可减少皱纹和黄褐斑的产生。这些功效都是蜂王浆应用于美容化妆品领域较为理想的效果，因此，将蜂王浆作为化妆品及日用品的原材料，进一步深加工，将是今后健康美容的发展趋势。

第十六节　促进组织再生

再生是机体修复受损、病变或衰老组织的重要过程。从低等动物到人类，不同物种具有不同程度的再生能力，并且这种能力随着物种的不断进化而逐步降低。例如，低等动物中的蝾螈能够实现断肢的完全再生，而包括人类在内的大多数哺乳动物仅具备有限的再生和损伤修复能力。

在蜜蜂家族中，蜂王一生产卵量远超它自身体重，而蜂王和其他家族成员仅有的区别就在于终生食用蜂王浆，可见蜂王浆对组织再生能力的影响。通过试验发现，蜂王浆可促使新细胞代替衰老的细胞，使血液中红细胞数量明显增加。以猪和鸡做试验，在饲料中添加少量的蜂王浆饲喂猪和鸡，体重约增加30%。并且，蜂王浆对机体各个器官组织，均有促进受伤组织再生的作用。蜂王浆能改进细胞代谢，促进细胞的增生，使受损伤组织细胞被新生细胞所代替，因而服用蜂王浆可使创口提前愈合，有利于术后康复。

一、促进肝组织再生

在大鼠肝组织被部分切除后，蜂王浆对肝组织再生功能的研究结果表明，部分被切除肝脏的大鼠每天口服蜂王浆3g后，其体重较对照组显著增加。在手术后14天，喂蜂王浆组大鼠较对照组的体重增加7.6g，30天后增加31g。喂蜂王浆组大鼠血清丙氨酸氨基转移酶、醛缩酶、碱性磷酸酶活力均低于对照组；血清蛋白分析结果显示，喂蜂王浆组大鼠血清白蛋白较对照组增加，而球蛋白则减少，提示肝功能较对照组好。肝组织的病理学检查证明，蜂王浆组大鼠肝细胞再生较对照组旺盛，纤维细胞增生不显著，其他病理改变亦不如对照组明显。

二、促进肾组织再生

研究证明，将大鼠的一侧肾脏切除，另一侧做部分切除，喂蜂王浆的大鼠出现肾组织再生现象。喂蜂王浆组大鼠肾组织的重量增加为对照组的2.5倍，体积增加为对照组2倍。组织学检查表明，喂蜂王浆组大鼠肾组织出现再生现象（细胞密集、细胞质嗜碱性、细胞核增大且染色较深、细胞核呈有丝分裂象，出现新生肾小管等）远较对照组为早。结果表明，蜂王浆对大鼠肾组织再生有促进作用，蜂王浆可加快肾组织的再生过程。

三、促进神经组织损伤恢复

蜂王浆对大鼠坐骨神经实验性创伤的恢复有良好的作用。当用血管钳将大鼠坐骨神经夹伤后，后肢的屈伸反射暂时丧失，对电刺激和机械刺激均不起反应。损伤后给试验组大鼠每日喂1%浓度的蜂王浆和蜂蜜混合物2mL，其后肢反射恢复较对照组明显快。充分显示，蜂王浆可促进神经组织损伤的恢复。

在生活中常感觉年轻时病后的恢复及伤口的愈合能力比年纪大时快，此被认为与组织的再生能力有很大关系。目前发现食用蜂王浆可使血中红细胞增加，衰老的细胞被新生的细胞所替代。通过大鼠肝组织切除喂食蜂王浆的试验中即可看出，蜂王浆能促进组织细胞的再生及细胞的新陈代谢。

综上所述，蜂王浆能够促进细胞代谢，促进细胞的增殖和组织再生。据临床报道，服用蜂王浆可使创口提前愈合，有利术后康复是有科学根据的。

第十七节　抗辐射

自然界中的一切物体，一般都会以电磁波的形式时刻不停地向外传送热量，这种传送能量的方式称为辐射。简单说来，就是从某种物质中发射出来的波或粒子（热辐射、核辐射等）。其实我们天天和辐射打交道，只是我们自己并不一定会意识到，太阳光、紫外线、热、声等这些都是辐射。但当人们谈论辐射时，往往想到的却是与放射性相关的这一类辐射。

辐射对人体的危害要根据辐射量大小来判断。若是轻微辐射损伤一般没有明显的反应，若是长时间大剂量辐射，会对人体健康带来危害，可分为以下几个方面：

（1）骨骼：辐射可直接影响成长过程中的骨骼发育，导致发育畸形等。

（2）视力：辐射可影响视力发育，导致视力下降，甚至造成视网膜脱落、白内障等。

（3）生育：过量辐射可能影响生育，导致孕妇流产、不孕、畸胎等；还可使精子质量下降，性状改变，甚至导致不育症。

（4）其他：长期大剂量辐射，可对人体循环系统、神经系统、免疫系统等造成伤害，可能诱发心血管病、糖尿病等较为严重的疾病，甚至癌症。

辐射损伤的发病机理是电离辐射作用于机体产生大量的氧自由基（ROS），加剧氧化应激，进而引起一系列的损伤过程，包括 DNA 损伤、脂质过氧化和蛋白氧化，最终引起抗氧化系统失衡和细胞凋亡。有学者发现 γ 射线导致 Wistar 大鼠机体氧化应激、血液学参数、生化和病理组织出现明显改变，蜂王浆干预能明显提高机体一氧化氮（NO）水平，降低甘油三酯（TG）、总胆固醇（TC）、低密度脂蛋白胆固醇（LDL－C）水平，提高高密度脂蛋白胆固醇（HDL－C）水平，改善血液学参数和心肌组织病理形态，表明蜂王浆具有抗辐射作用。

德国应用辐射研究所用蜂王浆对过 X 射线疗法的病人，做一星期 1～3 次注射，每次 10mg 剂量，结果发现病人不留有 X 光射线治疗的后遗症，并且食欲增加，血球蛋白恢复正常。

维也纳医院住院部应用辐射学科使用口服蜂王浆的办法来提高病人抗辐射的能力，服用蜂王浆的病人对 X 射线的抵抗力增强，不发生后遗症，细胞朊蛋白水平提高，白细胞和红细胞的数量保持正常。

北京某制药厂曾在小鼠身上做过蜂王浆的抗辐射试验：用两组条件

和数量都相同的小鼠，试验组每天按每千克体重灌服蜂王浆和蜂蜜共10mL，对照组按常规饲养，20天后两组都用钴射线高剂量照射15min，钴M7射线剂量率为60.4伦琴/min，总照射量906伦琴，照射后继续服用蜂王浆蜜乳12日。

结果发现，试验组小鼠死亡率为59.3%，而对照组为70.4%，蜂王浆组死亡率低11.1个百分点；试验组小鼠平均生存时间为18.68天，而对照组只有11.05天，服用蜂王浆的小鼠比对照组寿命延长69%，表现出惊人的抗辐射能力，充分证明蜂王浆有抗辐射作用。

原德意志民主共和国应用辐射研究所用蜂王浆对经过X光射线治疗的病人进行每周1~3次注射，结果病人不再有X光射线治疗后遗症，并且食欲增加，血球蛋白恢复正常。由此可见，蜂王浆的抗辐射作用是十分显著的。这对现代人有相当重要的意义，因为现代生活很难避免与放射性物质打交道，同时现已确认蜂王浆可作为肿瘤病人放射治疗和化疗的辅助用药。

第十八节　保护器官

活性蜂王浆是世界上公认的唯一可供人类直接服用的高活性成分的超级营养品。活性蜂王浆中的蛋白质，2/3为白蛋白，1/3为球蛋白，与人体比例极为接近，极易吸收；还含有丰富的核酸、酶类、脂类、维生素、矿物质等，可使健康组织活力增强，受损组织再生修复加速。活性蜂王浆在全面补充人体所需营养的同时，保肝护肾，对防治各种肝肾疾病也有很好的作用。

一、蜂王浆保护肝脏

肝脏作为机体重要的解毒器官，也是一些毒性物质攻击的靶器官之一。近年来，随着生活饮食方式的改变，肝脏疾病的发生率也明显增加，如脂肪肝、肝纤维化等。研究发现，天然药物在肝病治疗方面具有良好的效果和巨大潜力。天然药物治疗肝损伤的作用主要体现为改善肝功能，降低转氨酶活性、降低血清总胆红素；促进肝糖原合成，保护肝细胞，防止急慢性肝损伤造成的糖原合成障碍；改善肝组织病理，对急性肝损伤能减轻细胞肿胀，防止细胞坏死、减少炎性细胞浸润对慢性肝损伤能减轻细胞肿胀，防止脂肪变性；抑制肝胶原纤维、网状纤维增生，防止肝纤维化发生。天然药物抗肝损伤的作用机制主要为两方面：①抗氧化；②减少炎症因子生成。多种天然药物被认为能清除自由基，阻止肝细胞脂质过氧化，同时减少炎症因子生成，抑制炎症反应，从而维持细胞膜的正常结构，避免细胞的损害。

医学研究表明，蜂王浆中所含20多种氨基酸，不仅具有护肝的作用，对肝组织损伤还可起到修复作用。蜂王浆中的胱氨酸可提高肝细胞的分裂速度；蜂王浆中的精氨酸在肝硬化和脂肪肝中，能中和肝脏所产生的过量的氨，因而能帮助肝脏去除毒素，具有排毒作用；蜂王浆中的牛磺酸可促进胆汁的合成与分泌，对受损的肝脏有促进恢复的作用，改善肝功能；特别是对胆汁酸分泌功能尚未完善的新生儿，牛磺酸能改善与胆汁酸有关的脂肪代谢生理功能，减轻婴儿对脂肪的消化和吸收方面的负担，并促进小儿消化道内脂肪、钙等营养物质的消化和吸收；蛋氨酸在肝内供给甲基保护肝脏，是一种治疗肝炎及脂肪肝的药品；不饱和脂肪酸和磷脂类物质还能促进细胞再生，使受损的肝细胞膜得以及时修复。

蜂王浆中的维生素在肝内以辅因子和辅酶形式参与代谢，促使肝细胞再生。维生素C能促进肝细胞再生及肝糖原的合成，增强肝脏合成蛋白的能力，促进新陈代谢，加强肝脏解毒能力；维生素E可改善肝内微循环，降低静脉压，提高肝脏血流量，增加干细胞的血液供应；胆碱与肌醇一起有抗脂肪肝的作用，被用于防治脂肪肝。

二、蜂王浆保护肾功能

肾脏是人体的重要器官，它的基本功能是生成尿液，借以清除体内代谢产物及某些废物、毒物，同时经重吸收功能保留水分及其他有用物质，如葡萄糖、蛋白质、氨基酸、钠离子、钾离子、碳酸氢钠等，以调节水、电解质平衡及维护酸碱平衡。肾脏的主要功能是排泄体内代谢产物和进入体内的有害物质；通过尿的生成，维持水的平衡；维持体内电解质和酸碱平衡；调节血压；促进红细胞生成；促进维生素D的活化等。

人的肾功能随着年龄的增长而有所减退，如遇应激情况，增加肾脏的额外负担，则会发生肾功能受损，故应处理好各种增加肾脏负担的因素，如外伤、尿路梗阻或使用肾毒性药物等，以避免发生肾功能不全致肾衰而危及生命。蜂王浆的服用能处理和避免各种因素造成对肾脏的危害。

1. 蜂王浆抗感染能力强

任何较严重的感染均可诱发肾衰竭。由于肾动脉硬化，肾血流量不足，肾抵抗感染的能力降低，感染率增加；或因前列腺肥大引起尿路梗阻，故易招致感染。蜂王浆具有抗炎症作用，对炎症早期的血管通透性亢进、组织液渗出以及水肿都有明显抑制作用。低浓度的蜂王浆对金黄色葡萄球菌、链球菌、变形杆菌、大肠埃希菌、枯草杆菌、结核杆菌、星状发癣菌等有抑制作用，高浓度时有杀菌作用。肌内注射蜂王浆制液后（须在正规机构，专业人员指导下注射），能显著增强吞噬细胞的吞噬能力。王浆含有维生素B、多种氨基酸和乙酰胆碱，在这些物质及特异性抗原作用之下，人体的血清调理素进入血液，能激活吞噬细胞。王浆含有的丙种球蛋白含量高达10单位/mL。丙种球蛋白具有抗菌、抗病毒和毒素等重要性能。所以，服用蜂王浆可以辅助治疗一些感染性疾病，包括尿路感染、肾炎等。

蜂王浆中含有的10－HDA具有相当强的抑制细菌生长和杀菌作用。急性肾炎常发生于咽炎、扁桃体炎、皮肤感染、猩红热等链球菌或其他细菌感染之后，这是由感染后的免疫反应引起的。服用蜂王浆即可抑制和杀灭链球菌等感染之源，避免引发肾炎。

2. 控制血压防治肾小动脉硬化

由于患者肾小动脉硬化，呈玻璃样变和内膜增厚，使肾脏血流量降低，如有心力衰竭或血容量不足，则肾脏血流量进一步降低，从而导致肾功能不全；若发生失水、休克和大出血，则导致肾衰竭；如兼有高血压，则会加速肾小动脉管壁硬化病变。蜂王浆不仅可以有效地调节血压的高低，而且可以防治动脉硬化病变。

蜂王浆可以抗高血脂、高血凝和抗动脉硬化。国内某医科大学实验研究发现：蜂王浆冻干粉能降低血清胆固醇含量，提高高密度脂蛋白胆固醇含量和降低动脉硬化指数。说明蜂王浆具有防治高脂血症、动脉粥样硬化和改善血液高凝状态的作用。王浆降低血脂可延迟动脉损害，使高脂血症造成的动脉内皮细胞功能逆转，因此，蜂王浆能有效地防治肾小动脉硬化。

蜂王浆能增强红细胞变形能力，使红细胞过滤指数降低，降低血纤维蛋白原含量。红细胞变形能力是指正常的红细胞具有通过比自身直径小的毛细血管的能力。红细胞变形能力的下降和丧失，使毛细血管的灌流量急剧减少，造成严重的微循环障碍，往往导致组织缺血、坏死和血栓形成。蜂王浆对高脂环境中已有损伤的红细胞变形能力，具有一定的保护和修复作用。蜂王浆降低血浆纤维蛋白原含量，可避免红细胞聚集，降低血液黏稠度，防止血栓形成。蜂王浆的降血脂和胆固醇与减轻动脉硬化病变和修复受损害的血管有关。

3. 蜂王浆能逆转肾毒性药物损害

利用蜂王浆辅助治疗各种肾病或能引发肾功能受损的疾病，不仅治病效果好，无不良反应，而且对于传统药物所造成的各种肾损害，具有治疗和逆转作用。

一般肾病患者肾浓缩功能并多尿，易体液缺失，加上肾小球滤过率降低和肾血流量不足，因此，更易招致肾毒性药物的损害，加重肾功能的损害程度。在肾病治疗过程中，常使用含碘造影药做 X 线造影检查或使用具有肾毒性的抗生素，特别是庆大霉素和卡那霉素，头孢菌素（先锋霉素）与呋塞米（速尿）药同时应用，则会增加其肾毒性。国外研究表明：大约有 5%~22% 的肾病和慢性肾衰是由滥服镇痛药引起。国内研究得出结论：消炎药会导致肾缺血，可能引起肾小管坏死。长期或大量服用阿司匹林、对乙酰氨基酚（扑热息痛）等均可引起肾中毒、肾损害而致肾衰。在服食肾病用药的同时，服用蜂王浆，不仅能提高传统药物的治疗效果，而且能减少或避免因药物造成的损害。

4. 受损肾组织的修复

在利用蜂王浆疗法，辅助治疗急性慢性肾炎、多囊肾和肾病综合征等过程中，王浆能恢复肾小球滤过膜对体内代谢的分辨自控能力，这是王浆恢复肾功能的关键因素。

在肾病发病机理的多种研究中，最重要、最核心的一点是：尽管肾病发病原因是复杂、多方面的，但归根结底是肾脏组织的突变导致肾萎缩、坏死，引起肾脏损害。肾脏是人体内去毒存益的过滤器，即将人体在血液、水分中的有毒物质及终端代谢废物，通过肾滤过后随尿液清除出去。肾脏一旦病变，肾小球滤过膜遭到损伤，就会导致白蛋白及其他有利于人体的应回收的物质流失。如何修复肾小球过滤器恢复代谢排毒作用，是长期困扰医学界的难题。

蜂王浆的促进组织再生和促进生长作用，对受损组织具有修复作用。实验证明：蜂王浆对部分肾切除的大鼠肾组织有再生作用，能加速肾组织的再生过程，如使肾组织重量增加为对照组的 2.5 倍，体积增加为对照组的 2 倍。服蜂王浆后的大鼠肾组织出现的再生现象，包括细胞密集、细胞嗜碱性、细胞核增大且染色较深，细胞核呈有丝分裂状、出现肾小球等，同时，蜂王浆对大鼠棉球肉芽肿增生无明显抑制作用，有利于组织修补和创伤愈合。蜂王浆使炎症早期的血管通透性亢进，对渗出和水肿有明显的抑制作用，并促进炎症修复，促进细胞内的某些酶，如 LDH、SDH 和 NADH－细胞色素 b5 还原酶的酶活性。

酸性体质是多种疾病的温床，是造成人体代谢紊乱的重要因素，特别是酸性体质容易使肾功能受损。若是使患者恢复肾功能，必须改善患者的酸性体质为弱碱性。蜂王浆中含有丰富的矿物质，这些矿物质和酶相结合，发挥功能活化作用，其中的成碱元素，可使人的血液呈弱碱性，维持体内的酸碱平衡。服用蜂王浆后，可以迅速地清理体内的垃圾——包括酸性物质，使体内的各种生理功能相互协调和修复，如恢复内分泌功能，从而减轻和消除因内分泌失调而引发的肾病。

第十九节 抗肿瘤

肿瘤（tumor）是机体细胞在各种始动与促进因素作用下产生的增生与异常分化所形成的新生物。肿瘤的生长不受正常机体生理调节，而是破坏正常组织与器官。根据肿瘤的生物学行为可分为良性肿瘤、恶性肿瘤及介于良、恶性肿瘤之间的交界性肿瘤。有明确肿块形成的为实体瘤，而没有明确肿块的为非实体瘤，非实体瘤大多为血液系统恶性肿瘤。

多数肿瘤的第一表现是出现肿块，此外还可表现为疼痛、出血、溃疡、梗阻等多种症状，根据肿瘤的发病部位与性质而有所不同。人类在与肿瘤的对抗过程中，相继采用手术、放化疗、生物疗法等方法，这些疗法给人类带来惊喜的同时，也让人了解到手术治疗不彻底、放化疗不良反应大、生物疗法疗效不确切等弊端，特别是复发转移率高成为肿瘤治疗的致命弱点。肿瘤医生和广大患者都迫切需要一种疗效确切、无不良反应、抑制肿瘤转移复发的药物。于是，越来越多的医生让患者选用了蜂王浆，大量的试验证明，蜂王浆具有一定的抗肿瘤作用。蜂王浆的抗肿瘤作用首先引起人们注意和重视的起因之一，是养蜂人员癌症死亡率与其他职业的人相比特别低这一事实。

蜂王浆有较强的抑制癌细胞生长、扩散的功能，在恶性肿瘤的综合治疗中具有一定的药用价值，蜂王浆对胃癌、肝癌等多种肿瘤和癌细胞具有较强的抑制和灭杀作用，能减少放疗和化疗之后病人的痛苦，增加血液中白细胞和血红素的含量，提高机体的免疫调节功能，是我国临床医学中常用的预防和治疗癌症，和多种肿瘤辅助治疗药物或营养品。

蜂王浆脂肪酸中 10 - HDA 具有一定的抗肿瘤活性，同时静脉注射肿瘤细胞和蜂王浆时可显著抑制小鼠肺部转移瘤的形成及转移，而在肿瘤发生前或肿瘤发生后单独腹腔或皮下注射蜂王浆时，对乳腺转移瘤的形成无影响。因此，蜂王浆作为一种干预手段对肿瘤生长有明显的抑制作用。另外，在肿瘤细胞模型中，10 - HDA 还可抑制血管内皮生长因子（VEGF）诱导的血管生成。VEGF 是一种促血管生成蛋白，肿瘤依赖肿瘤细胞在缺氧时释放 VEGF 来引发新生血管的形成，进而促进自身的生长。因此，10 - HDA 可通过抑制血管过度形成而间接抑制肿瘤生长。

最新研究显示，MRJP2 及其预测亚型 X1 可通过抑制肿瘤坏死因子 - α（TNF - α）、混合谱系激酶结构域样蛋白（MLKL）和细胞内反应种类，减轻 CC14 诱导的肝细胞坏死，并通过抑制人肝癌细胞 HepG2 生长，诱导半胱氨酸蛋白酶凋亡，起到抗癌作用。

蜂王浆可抑制肿瘤细胞的增殖，其中的脂溶性提取物对人神经母细胞瘤（SH - SY5Y）细胞具有一定的抗增殖活性，可以预防和减缓 SH - SY5Y 细胞的发生和生长；蜂王浆体外蛋白消化产物能抑制胃癌细胞 SGC - 7901 的增殖并诱导其发生凋亡。

另外，研究发现，蜂王浆可以减缓小鼠乳腺肿瘤的发展，提高血清、肝和肾的抗氧化能力，其预防性治疗效果尤为显著。蜂王浆还可作为治疗癌症的辅助药物，阿霉素（DOX）是治疗前列腺癌等多种恶性肿瘤的药物，经蜂王浆处理可增强小剂量 DOX 对前列腺癌细胞 PC3 的细胞毒作用，避免因长期大剂量使用 DOX 对机体正常细胞造成损伤和产生耐药性。

第二十节　抗癌症

癌症就是恶性肿瘤，是由一个有错误信息传递的细胞，演变成一群脆弱的、结构混乱的恶性细胞，变成“异化分子”。异化了的细胞不具备正常细胞的功能，对周围正常细胞的信息根本无所反应，也不接受机体发出的停止复制的指令，肆无忌惮地异常繁殖起来，无休止地迅速分裂，贪得无厌地掠夺周围组织的营养，病灶迅速扩大，侵占所在器官组织的生存空间，并损害该器官的功能。更可恶的是不断增殖的癌细胞还会随着血液和淋巴液游走全身，在各处“安营扎寨”，繁殖成新的肿瘤，称之为“癌转移”。在癌细胞的作用下，机体营养严重流失，脏腑功能严重损坏，使人日渐消瘦，逐渐丧失正常生命活力，最终导致死亡。

蜂王浆对癌症患者有良好的治疗和辅助治疗作用，可明显延长生存期甚至康复。那么蜂王浆为什么能抗癌呢？国内外的研究初步揭示了蜂王浆抗癌的奥秘，其作用机理主要是：

一、提高身体的免疫力

肿瘤是人体正常细胞异常突变的结果。痛症发生的根本原因是人体免疫功能失调，癌变的细胞逃脱了免疫监视，在体内迅速分裂增殖，形成恶性肿瘤。而服用蜂王浆能增强免疫功能，提高免疫力，无疑可收到良好的抗癌效果。

二、维生素的作用

研究表明，蜂王浆含16种以上的维生素，其中有些维生素有一定的抗癌作用。如维生素A有增强机体免疫力、抑制癌细胞增长以及促进组织细胞恢复正常功能的作用，因而被誉为防癌维生素；维生素 B_2、B_6、B_{12}、B_{17}和叶酸都有抗癌作用；维生素E是强抗氧化剂，而化学致癌物质多属强氧化剂，因此，它能对抗致癌物对机体的损害，增强其抵抗力；维生素C可增强机体免疫功能，促进干扰素的产生，以对抗并消灭癌细胞，解除外来致癌物的毒性，抑制外来致癌物的活性，阻断强致癌物质亚硝胺在体内合成，因而可有效地防止癌症的发生。

三、脂肪酸的作用

蜂王浆中含有大量的脂肪酸，据日本蜂王浆协会会长、日本玉川大学农学部松香光夫教授研究发现，每100g蜂王浆干物质中含有脂肪酸8.12g。目前，已知蜂王浆中至少有26种游离脂肪酸，其中还有一种特别的不饱和脂肪酸10－HDA，含量约1.4%，具有抗癌等多种功能。不饱和脂肪酸抗癌作用的机理是多方面的。研究发现，肿瘤细胞膜存在大量脂肪酸，而不饱和脂肪酸可以直接与肿瘤细胞膜结合，从而使肿瘤细胞膜上的脂肪酸组成发生改变，进一步破坏肿瘤细胞膜结构，使肿瘤细胞完全崩解。研究还表明，不饱和脂肪酸本身也参与体内的免疫调节，它通过影响免疫细胞的结构和功能来发挥免疫作用。所以，在抗肿瘤的应用中，不饱和脂肪酸除了能杀伤肿瘤细胞外，还能使肿瘤病人的免疫功能不受影响。在临床应用上，不饱和脂肪酸抗癌已有不少成功的例子，使癌症患者得以延长生命或康复。

四、微量元素的作用

蜂王浆中含有多种微量元素，其中有些元素也有抗癌作用。如蜂王浆中含有硒（0.068～0.445μg/g），是一种抗氧化剂，能影响癌细胞的能量代谢和干扰癌细胞的蛋白合成进而抑制癌症，还能影响化学致癌物的代谢，使它们失去致癌的活性，因而被誉为“抗癌元素之王”。蜂王浆中所含铁、铜、铝、锰等也有一定的抗癌作用。

五、多种酶的作用

日本学者中岛忠臣认为，高龄癌症患者多，是因为老年人体内含酶少。研究表明，酶有分解致癌物质亚硝胺的作用，并能提高人体内巨噬细胞活力，增强其免疫力和抗癌能力。蜂王浆中含有多种酶类，特别是新发现的超氧化物歧化酶，是自由基的重要清除剂，可以抗衰防癌。

六、核酸的作用

现代研究表明，恶性肿瘤的发病机理与治疗原理，都与核酸代谢有非常密切的关系。美国核酸营养学权威弗兰克博士在实验中发现，使用核酸的小白鼠，其自发性乳腺癌的发病率明显下降。经测定，每克蜂王浆中含核糖核酸3.9～4.8mg，含脱氧核糖核酸201～223μg，因而有抗癌作用。

七、净血作用

著名的血液生理学权威森下敬一认为，癌的实质是血液的污染，如净化了血液，癌症就能治好。而蜂王浆是最好的健康食品，其净血作用也最好。因此，他认为：蜂王浆之所以具有惊人的抗癌性，是因为它具有出色的净血作用和提高自然治愈力的作用。

八、牛磺酸等的作用

蜂王浆中含有丰富的牛磺酸，它不仅具有多种营养保健作用，近年来又发现它能促进T淋巴细胞的增殖和巨噬细胞产生的白细胞介素-1，增强中性粒细胞吞噬杀菌的活性，产生对病毒的抗体功能，对机体免疫细胞防御功能起到重要作用。此外，蜂王浆中的类腮腺激素也有抗癌作用。

近年来国内已有不少报道，蜂王浆对癌细胞具有强烈抑制作用，尤其对肿瘤术后，化疗或放疗时作为辅助治疗效果更为显著。

据国内某医学研究所临床统计，服用蜂王浆冻干粉治疗恶性肿瘤365例，男227例，女138例，年龄最大78岁，最小22岁，平均年龄53.4岁，每日早晨空腹服用1g蜂王浆冻干粉，最长生存6年，明显延长患者生存期。

另据国内某医院临床研究报道，口服蜂王浆治疗14例癌症患者，服用时间最短半年，最长11年，结果10例患者病情无进一步恶化，占71.4%。国内某肿瘤防治研究所收治10例食道癌患者，术前服用蜂王浆冻干粉，每日1次，每次1g，连服2周后手术，从切除标准的病理形态学观察结果是，10例患者中有5例患者引起癌细胞退化，癌周间质病理变化中度反应者5例，明显反应者5例。可见，蜂王浆有抑制癌细胞作用。

第三章

蜂王浆生产工艺和品质检测

工蜂分泌王浆主要是受蜂群需要的支配。一般情况下，蜜蜂是不筑造王台和培育蜂王的，因此蜂群中也就没有自然王台（图3-1）。只有当蜂群发展到一定程度，或因蜂王体质、巢内拥挤状况等多种因素引起的分蜂热，促使蜂群产生育王欲望时，工蜂才会分泌蜂蜡筑造王台，并逼迫蜂王向王台内产卵，之后便向王台内吐以充足的蜂王浆供王台内的幼虫食用。

图3-1 王台

不过，在这种情况下出现的王台数量极少，能够获得的蜂王浆数量很少，根本谈不上大量生产。因此，人们就有效地利用这一生物学特性，促使蜂群产生育王欲望和提高泌浆能力。

第一节 蜂王浆的生产过程

一、人工生产

蜂群中培育新蜂王时筑造的巢房叫王台，但蜂巢中没有自然王台，只有当蜂巢发展到一定程度，新蜂大量出房导致蜂房日益拥挤，蜂王无处产卵时，工蜂才会分泌蜂蜡筑造王台，逼迫蜂王向王台内产卵，随后便向王台中大量分泌蜂王浆饲喂幼虫。研究发现，蜂王在王台基和工蜂房中皆产下受精卵，而且 3 日龄以内的幼虫都以蜂王浆为食，唯一不同的是，喂给蜂王台中幼虫的蜂王浆是同日龄工蜂房幼虫的好多倍。正是有效利用蜂群这一生物学特性，养蜂人制造人工王台基，向王台基中移入孵化 24 小时内的幼虫，放入蜂群中促使工蜂分泌蜂王浆。

1. 安装人工台基

目前，在蜂王浆生产中广泛使用高产型塑料人工台基条，其特点是操作方便、耐用、高产。生产王浆前需先制作采浆框和台基，根据蜂群确认采浆框以及台基数量，采浆框须选用无毒、无异味的优质木材制作，台基是无毒、无异味的塑料制品，将大小适合的台基条固定在采浆框上即可。

2. 清扫台基

将制作好的采浆框放入蜂群中，让工蜂熟悉并进行清扫 24 小时以上。当台基上出现白色或黄色新蜡、台沿平整略向内卷、形似自然台基时，即可提出点浆。

3. 点浆

在工蜂清扫好新台基后，将采浆框取出在人工台基上用画笔蘸少量的新鲜王浆涂抹在人工台基内壁中，涂抹量不要过多，只要有王浆的气味即可，目的是提高蜂群对新人工台基的适应性。点浆时要给每一个台基依次点浆，避免有遗漏。采过浆的台基不需要点浆，因为蜂群已经适应了人工台基。移完虫的王浆框，要及时放进产浆区的预留位置，操作要轻快稳，保证移虫浆框的安全。

4. 移虫

产浆用的幼虫以孵化 12～24 小时的虫龄为宜，虫体呈新月形蛋清色。移虫（图 3－2）时讲究轻快准，将移虫针顺着巢房壁伸入幼虫底下随即提起，连浆带出放置于新台基底部。需要注意的是，移虫时移虫针要顺着幼虫弓起的背部方向沿巢房壁插入王浆取出幼虫，这样可以防止移虫针擦伤幼虫。

如果哺育蜂发现被移的幼虫有受伤迹象，哺育蜂会拒绝哺育。所以移虫的动作必须规范，幼虫身体才能毫发无损，一切正常，哺育蜂才会积极泌浆饲喂。

图3－2 移虫

5. 放置采浆框

将移虫后的采浆框及时放置于产浆群中，放置时要轻要缓，避免扰乱蜂群正常生活。将提前准备好的蜂食放置于距采浆框2～3cm的位置，涂抹少量蜂蜜诱蜂前来。

6. 补虫

采浆框放入蜂群3～5小时后，观察蜂群是否开始产浆，被接受的幼虫台基内会有工蜂分泌的王浆。对于那些因移虫或其他原因造成损伤，以及不被接受的幼虫，需重新补虫提高蜂群对幼虫的接受度，保证台基最大利用率，增加蜂王浆产量。

7. 取框

移虫后72小时将采浆框取出，取浆时间根据王台中蜂王浆产量决定，取浆过早王浆稀少，取浆过晚长大的幼虫会食掉台基中的王浆。将采浆框缓慢从蜂群中提出，轻轻抖落框上的蜜蜂，用蜂刷将少量残余蜜蜂扫至巢箱，将采浆框运回取浆室等待取浆。

8. 捡虫

取浆前先用锋利的刀将台基加工部分削去，使台口平整，这叫割台（图3－3）。割台时要小心避免将台内幼虫（图3－4）割破，只需浅浅将台口割掉割平，然后用消毒干净的镊子将台基中的幼虫取出。若幼虫割破，要将幼虫连带台基中的王浆一并取出另存。

图3－3　割台

图3－4　幼虫

9. 取浆

用洁净的取浆器具提取王浆（图 3 – 5），尽可能地将台基内的王浆取尽，暂存于洁净瓶中，提取出来的蜂王浆要在 – 18℃ 的低温冷冻贮存，避免活性物质的流失。

图 3 – 5　取浆

10. 清台

被蜜蜂接受的台基可继续移虫，未被接受的塑料台基内往往有赘蜡，要用清理王台的专用工具将台基清理干净，再移入适龄幼虫，投入下一轮取浆生产。

二、影响王浆产量的因素

生产蜂王浆的时间，应在蜂群群势很强，群内工蜂数量很多，已经出现雄蜂房，积极开始自然分蜂的时候。优质的蜂王浆应以健康强大的蜂群为基础，外界气候稳定，粉源大量流蜜、吐粉，以及养蜂人员身体素养良好及生产工具洁净卫生。

1. 养蜂场环境

（1）生态环境：蜂王浆的产量受外界环境因素影响，蜜蜂对温度很敏感，巢内温度的控制影响着蜂王浆产量的高低。蜜蜂采集飞行的最适宜温度是15～25℃，蜂巢内蜂儿发育所需要的温度应保持在32～35℃，蜂巢中产浆区的适宜温度是35℃左右。

一般来说，春秋季节外界粉源丰富，温湿度也比较适宜，此时，工蜂分泌的王浆品质相对较好，而夏季由于高温、干燥或潮湿，特别是粉源容易缺乏，工蜂分泌的王浆质量也相对较差或不足。所以，春季和秋季所育蜂王较好，“脱浆”的现象也较少发生，而在高温、潮湿和外界粉源缺乏的夏季，容易发生“脱浆”现象。

（2）场地卫生：养蜂场（图3－6）应选在地势高，冬季向阳背风，夏季通风阴凉的区域，远离铁路、公路等大型基础设施，远离化工厂、

图3－6　养蜂场

垃圾处理场以及喷洒农药的田地和果园等地，保证养蜂场清洁，减少传染病菌的传播。

2. 蜂群因素

（1）蜂种类型：强健充足的蜂群是王浆高产的基础，生产蜂群要选择健康无病且群势达 8 框以上的青壮年工蜂。蜂箱外温达 15℃以上，蜂群无传染性疾病，平时须加强饲养管理，保持群内蜜蜂适当密集。只有健康的蜂群才能繁殖迅速，群势增长速度加快，幼蜂积累多，泌浆积极，产浆多。

不同蜂种由于其形态学、遗传学、生理学及生物化学的差异，它们所分泌蜂王浆的数量和质量显然有很大的差异。近年来，我国培育成功了多个蜂王浆高产的蜂种，这些蜂种均具有蜂王浆高产的特性，但在蜂王浆的质量上有较大的差异。在同一粉源条件下，不同蜂种所生产的蜂王浆，其 10 - HDA 含量高的达 2.6%，低的仅为 1.4%；蜂王浆中总糖的含量高的为 16.6%，低的为 14.2%。

（2）哺育蜂日龄：蜂王浆由蜂群中哺育蜂的咽下腺和上颚腺分泌，其中上颚腺主要用于合成和分泌 10 - HDA 等脂肪酸。因此，哺育蜂的上颚腺的发育程度直接影响着蜂王浆的质量。工蜂的任务分工主要是根据日龄大小来划分的，这与工蜂体内各腺体的发育程度有关。6 ~ 13 日龄的工蜂头部腺体发育完全，具备分泌蜂王浆的能力，参与哺育幼虫和蜂王的工作，成为哺育蜂。而不同日龄的哺育蜂所分泌的蜂王浆质量也存在一定的差异。

国内有学者使用高效液相色谱仪分析了 0 ~ 30 日龄工蜂上颚腺中10 - HDA 的含量，发现其含量整体呈上升趋势，尤其是 5 ~ 10 日龄之间增长近一倍，而这也恰恰正处于哺育蜂的日龄范围内，这其中，10 ~ 15 日龄工蜂上颚腺中 10 - HDA 含量基本一致且维持在较高水平。另有研究表明，在中蜂（中华蜜蜂）上也发现了相同的规律，中蜂在发育到10日龄后上颚腺中10－HDA含量显著升高，15日龄时略低于10日龄但并无显著差异，且10日龄工蜂上颚腺蛋白表达明显高于0日龄，这可能与其合成10－HDA有关。

（3）哺育对象：哺育蜂哺育的对象有两个，即蜂王和3日龄以下的幼虫。其中3日龄以下的幼虫还可以继续划分，即王台中的幼虫和普通蜂房中的幼虫。通常来说，哺育蜂向王台中分泌蜂王浆的质和量均要高于普通蜂房的，因此养蜂者使用人造王台生产蜂王浆。在这过程中需要向人造王台中人工移入幼虫供哺育蜂哺育。同时，移入幼虫的日龄也影响着蜂王浆的质量，蜂王浆中蛋白质、脂肪等营养物质会随着幼虫日龄的增大而降低，哺育蜂向1日龄幼虫分泌的蜂王浆中10－HDA含量最高。

（4）蜂群群势：蜂群群势（图3－7）是反映蜂群繁殖力和生产力的主要标志，群势强大的蜂群蜜蜂个体数量多，抗逆性强，哺育蜂多，泌浆能力强，同时对蜂王浆的质量也有一定影响。国内学者通过实验发现

图3－7　蜂群群势

随着蜂群群势的增大，蜂王浆的质量也显著升高，当蜂群群势由 8 框提升到 11 框期间，测得的各项指标都有极显著的提高，直到群势增加到 12 框蜂后不再显著改变。

3. 粉源和水源

（1）粉源：丰富的粉源是生产蜂王浆的物质基础条件，在群势强大的前提下，粉源是不可忽视的因素。当粉源充足时，蜜蜂采集积极，分泌的王浆量大、质优。如果粉源缺乏或粉源衔接期间生产蜂王浆，应该进行奖励饲喂，每隔 1～2 天饲以稀薄的蜂蜜或糖浆，每次 200～500g，才能激发工蜂的泌浆积极性和保持蜂群泌浆规律的稳定。

（2）水源：养蜂场附近必须有清洁的水源以供蜜蜂采用。如果缺少水源，蜜蜂就会出现暴躁和不适的情绪。但养蜂场附近不能有大的湖泊、过宽的大河、面积过大的水库等，以防蜜蜂中途没有落脚歇息的地方而溺水身亡。养蜂场的周边环境不要有污染源，如化工厂、冶炼厂等（图 3－8）。

图 3－8 养蜂环境

4. 移虫日

移虫是生产王浆的关键环节之一，为了提高接受率，把粘有蜡碗的浆框先放到蜂群内，让工蜂整理2～4小时，然后再提出点浆移虫。自然王台中，自卵孵化后，96小时虫龄时，王台中积聚的王浆最多，质量最好。因此，取浆周期为3天，生产王浆所用的幼虫虫龄最好为1日龄幼虫。应严格控制幼虫日龄在12～36小时，这样生产出的王浆，才能量大、质好。

5. 蜂粮

花粉是蜜蜂在自然状态下获得营养的重要来源，尤其是采集蜂装在花粉篮里、带回蜂巢的多种植物的混合花粉。花粉被蜜蜂带回蜂巢后加工成的蜂粮，为蜜蜂提供了蛋白质、脂肪、维生素、甾醇、矿物质和其他微量元素，哺育蜂只有吃食蜂粮后才能分泌王浆。

在粉源丰富的大流蜜期，一般不进行饲喂也可以取得高产，但在补助粉源或在无花期就应不断进行饲喂。一群蜜蜂1年内可以消耗掉15～75kg花粉。如果蜂群内蜂粮不足，工蜂就会动用体内的营养储备，使工蜂寿命缩短，分泌的王浆质量较差。所以要提高王浆产量，必须有充足的花粉，在外界粉源减少时，要适当补充饲喂高蛋白、维生素和矿物质元素含量齐全的蜂粮，以增加蜂王浆产量。

6. 生产工具及人员卫生

（1）王浆生产工具：所有工具必须严格消毒，包括浆框，浆条上镶嵌着优质的浆杯，盛放浆条的塑料盒，角质移虫针，镊子，移虫架（移虫操作台），电动微型蜡杯清理钻，割台刀，刮浆笔（采用四支刮浆笔，效率高），储浆桶、储浆杯、储浆冰箱等工具；辅助工具有头灯〔柔和灯光，便于看清巢脾（图3－9）里的小幼虫〕，湿毛巾（移虫后的台基条应盖上湿毛巾，保持一定的湿度）。有的工具可用75%乙醇擦拭，如镊子、钻头、移虫针等；有的清洗后晒干，如移虫架、塑料盒、储浆桶、毛巾（干净的毛巾浸清水后挤干就成了湿毛巾）等；有的则需要擦洗、晾干、备用（冰箱）等。但凡在生产过程中所要使用的工具在生产前后都要经过清洗消毒，以保证最终收集好的王浆的质量和卫生。

图3－9 巢脾

（2）养蜂人员卫生：蜂王浆的生产人员要保证自身健康状况，无传染性疾病，每年定期体检。操作者在工作前必须清洗双手，穿上灭过菌的工作服（服装洗净后暴晒晾干，或经紫外线照射），戴上口罩和头帽，做到无菌操作；养蜂人员要定期检查调整蜂群，保证蜂王繁殖期间有足够的产卵空间。

三、蜂王浆价高的缘由

1. 生产过程烦琐，人工成本高

蜂王浆的生产至今仍是一个劳动密集型的产业，过程也比较复杂和烦琐，需要经过养强群→准备生产工具→育虫→移虫→泌浆→割蜡盖→取虫→取浆→冷藏→清理台基等一系列过程才能完成蜂王浆原料的生产，目前的生产效率也比较低下，换言之，蜂王浆的生产成本是很高的。

如果在生产所用的王浆框上安放100个王台基，假设移虫的接受率是100%，外界粉源充足，每只王台平均3天产浆0.50g，生产1kg鲜蜂王浆大约需要2000个王台、20个生产周期，即大约需要60天的时间才能完成1kg鲜蜂王浆的生产。如果外界天气或者粉源等条件不好，蜂群不够强壮，生产技术水平不高，生产1kg鲜蜂王浆的成本还要增加。

2. 蜂王浆资源的稀缺性

“物以稀为贵”，从某种意义上讲，全球每年的蜂王浆产量只有4500kg左右，世界年人均7mg，属于典型的稀缺资源，故鲜蜂王浆的售价高。我国劳动力资源丰富，年产蜂王浆约4000kg，占世界总产量的90%左右。

蜂王浆市场供需的对比决定了它的价值和未来的价格走势。在可以预见的将来，蜂王浆的价格会快速大幅度提高，原因就是它的稀缺性在不断增加。一则中国作为世界上最大的蜂王浆生产国，养蜂人员老龄化问题严重，未来一段时间会大幅减少，这也意味着未来蜂王浆产量的大幅度下降；二则国内国际蜂王浆的消费在持续快速增长，这种“求大于供”的供需关系必然反映在产品的价格上，带来价格的上涨和价值的提升。

3. 蜂王浆营养丰富全面

首先，蜂王浆中含有丰富的营养成分，诸如蛋白质、多肽、氨基酸、有机酸、维生素、脂类、矿物质等，特别是蜂王浆中含有 10－HDA，是蜂王浆独存的物质，被人们称作王浆酸，因此王浆具有极高的营养价值。

蜂王浆可以增强体力，提高免疫力，促进生长发育，促进受损组织再生，提高思维力和抗逆力，抑癌抗瘤，改善睡眠和提高性功能，抗菌消炎，抗辐射，抗化疗，提高造血功能，增强呼吸功能，强化心血管系统，防止动脉粥样硬化和高血脂。

蜂王浆还可改善消化功能，使皮肤白嫩细腻、头发黑亮，脱发、断发、面部雀斑等逐渐消失，不仅能健身、祛病、延年益寿，而且能防治皮肤病和养颜美容。

正因如此，蜂王浆被誉为“液体黄金”，价格自然也向黄金看齐了。

4. 蜂王浆保存和运输困难

蜂王浆之所以珍贵不仅是因为其生产过程困难，生产出来后必须冷冻保存，更因为它含有迄今尚未全部为人所知的能够调节机体多种生理功能、在防病治病中发挥神奇功效的生物活性物质。然而，蜂王浆中的生物活性物质十分“娇嫩”，它对空气、光照、温度、微生物、酸、碱、金属均敏感。

空气对王浆有氧化作用，水蒸气对其有水解作用，光对王浆如同催化剂，可使其中的醛酮基团还原。蜂王浆放在低温下性质较稳定，高温则会破坏王浆的生物活性。

第二节　蜂王浆的国家检测标准

为进一步规范对蜂产品行业的管理，提高我国蜜蜂产品质量安全和生产管理水平，由中华全国供销合作总社提出，国家市场监督管理总局、国家标准化管理委员会批准发布了《中华人民共和国国家标准——蜂王浆》《蜜蜂产品生产管理规范》（GB/T 21528－2008）和《中华人民共和国国家标准——蜂王浆冻干粉》（GB/T 21532－2008）三项国家标准（以下简称三项国家标准）。蜂王浆国标（GB 9697－2008）为强制性标准，自2009年1月1日起实施。在蜂王浆国标GB 9697－2008的第四章中对蜂王浆感官要求有着明确规定：

一、感官要求

1. 色泽

无论是黏浆状还是冰冻状态，都应是乳白色、淡黄色或浅橙色，有光泽。冰冻状态时还有冰晶的光泽。

2. 气味

粘浆状态时，应有类似花蜜或花粉的香味和辛香味。气味纯正，不得有发酵、酸败气味。

3. 滋味和口感

粘浆状态时，有明显的酸、涩、辛辣和甜味感，上腭和咽喉有刺激感。咽下或吐出后，咽喉刺激感仍会存留一些时间。冰冻状态时，初品尝有颗粒感，逐渐消失，并出现与粘浆状态同样的口感。

4. 状态

常温下或解冻后呈黏浆状，具有流动性。不应有气泡和杂质（蜡屑等）。

二、等级

根据理化品质，蜂王浆分为优等品和合格品两个等级。

三、理化要求

蜂王浆产品等级和理化要求见表3－1：

表3－1 蜂王浆产品等级和理化要求

指标	优等品	合格品
水分/%	≤67.5	≤69.0
10－HDA/%	≥1.8	≥1.4
蛋白质/%	11～16	
总糖（以葡萄糖计）/%	≤15	
灰分/%	≤1.5	
酸度（1mol/L NaOH）/（mL/100g）	30～53	
淀粉	不得检出	

四、安全卫生要求

应符合国家法律、法规和政府规章要求，符合国家有关标准规定的安全卫生要求。

五、真实性要求

不得添加或取出任何成分。

第三节　蜂王浆品质检验

蜂王浆作为天然的高营养产品，受到广大消费者的青睐。我国虽是养蜂大国，但天然蜂产品资源依旧很稀缺，随着市场需求的增加，供不应求，不少黑心商贩唯利是图，以假乱真谋取暴利，导致很多消费者上当受骗。为保证所购蜂王浆产品的真实性，消费者一定要到有正规营业执照的商家或平台购买，仔细核验商标包装是否有国家认证标识，查看配料及生产厂家真实性。

长期服用蜂王浆的消费者，可以了解掌握一些有关蜂王浆治疗鉴别和检验方面的知识，这对挑选优质蜂王浆会有很大的帮助，不至于拿到产品真假难辨。

一、蜂王浆的感官指标

1. 浆色

新鲜的蜂王浆一般呈乳白色、淡黄色、微红色。

花种不同，浆色有所差异。一般春季生产的蜂王浆为乳白色，夏秋季节生产的蜂王浆稍带淡黄色，产浆时间48～64小时的为乳白色，超过64小时以上的转为淡黄色，贮存不当或在室温下放置太久，蜂王浆变质形成金黄色，甚至黑色或其他不正常的颜色。

2. 稠度

鲜王浆应为半透明微黏的乳浆状，呈半流体、朵状，有光泽感，无幼虫、蜡屑等杂质。经冷冻贮存的蜂王浆，天然“朵状”会逐渐消失，黏稠度增大。冷冻的蜂王浆虽然“朵状”消失及黏稠度增强，但质量可保持不变。优质蜂王浆，用干净的玻璃棒（或筷子）插入蜂王浆瓶提起，蜂王浆应从玻璃棒上均匀流下。另外，用两手指捻春天生产的蜂王浆，手感细腻，而手捻夏秋季节生产的王浆，则有时会有细小颗粒感，这与花源有关。

3. 气泡

优质蜂王浆无气泡，具有蜂王浆特有的香气，不同花期的蜂王浆可能略带花香，但无腐败、发酵、发臭等异味，气味纯正。

当蜂王浆中含有镊破幼虫的幼虫体液，或蜂王浆中掺有水分，或蜂王浆在高温下放置太久时，蜂王浆中会产生气泡，并随时间推移气泡越来越多，这是蜂王浆发酵变质的现象。

4. 口感

在选购蜂王浆前可先取少量样品品尝，高品质的蜂王浆有明显的酸、涩、辛辣味（以涩味为主），回味略甜，变质的蜂王浆为酸甜或有酸臭味。

二、10 – HDA 测定

蜂王浆中最具代表物质为 10 – HDA，又称王浆酸，是蜂王浆中特有的一种不饱和脂肪酸 10 – HDA。它是一种化学物质，具有较好的化学稳定性和热稳定性，是蜂王浆中所含有的特殊的高效生物活性物质，其具有抗菌、抗癌、抗辐射以及强壮机体、增强免疫力的作用。

新鲜的蜂王浆，10 – HDA 含量较高；不新鲜的、贮存不当的或掺假的蜂王浆，10 – HDA 含量较低。所以 10 – HDA 含量是衡量蜂王浆质量的重要理化指标之一，一般规定含量应在 1.4% 以上。测定方法是用气相色谱法或液相色谱法。10 – HDA 已实现人工合成，合成品的性质、作用与天然品相似。

（一）液相色谱 – 紫外检测法

适用范围：本方法适用于蜂王浆及其制品的 10 – HDA 含量的测定。

方法原理：试样经过乙醇处理，溶出 10 – HDA，并沉淀蛋白，加入内标后用乙醇定容，经离心或放置过夜，直接取上清液测定。

1. 试剂

本实验所用的水为重蒸水或去离子水，试剂除特殊说明外均为分析纯。

（1）无水乙醇（优级纯）。

（2）甲醇（色谱纯）。

（3）10－HDA 标准品（纯度≥99.0%）：用前应在放有硫酸的减压干燥器内减压干燥 24 小时。

（4）10－HDA 标准溶液（1.0mg/mL）：取干燥后的 10－HDA 标准品约 25mg，精密称量，加无水乙醇溶解并定容至 25mL，混匀备用。

（5）内标物：对羟基苯甲酸甲酯。

（6）内标溶液（0.65mg/mL）：用无水乙醇溶解稀释并定容。

（7）磷酸溶液（pH＝3.0）。

2. 仪器设备

（1）高效液相色谱仪：带有紫外检测器。

（2）分析天平：感量 0.000 1g。

（3）超声波清洗仪。

3. 测定方法

（1）样品处理

称样前，蜂王浆试样应解冻至室温并充分混匀。称取 0.5g 蜂王浆（蜂王浆胶囊称取 0.5g，蜂王浆冻干粉称取 0.16g），准确到 0.000 2g，分别加入磷酸溶液（pH3.0）2.0mL，7.0mL 乙醇，移入 50mL 容量瓶中。然后，准确加入 0.65mg/mL 内标溶液 10.0mL，乙醇定容，超声波提取 15min，取出，在 3000r/min 离心 10min 或放置冰箱过夜，待测定。

（2）液相色谱条件

色谱柱：Novpark C18，150mm×4mm，4μm（或相当者）。

检测波长：210nm。

流动相：甲醇＋磷酸水溶液（45＋55）。

流速：0.65mL/min。

进样体积：4.0μL。

（3）标准曲线的绘制

精确移取0.5、1.0、2.0、3.0、4.0、5.0mL的10－HDA标准溶液至10mL容量瓶中，加入2.0mL内标溶液，用无水乙醇定容，分别进样4.0μL，用峰面积比值计算，计算校正因子F。

（4）试样测定

吸取试样溶液4.0μL，液相色谱仪测定，内标法定量。

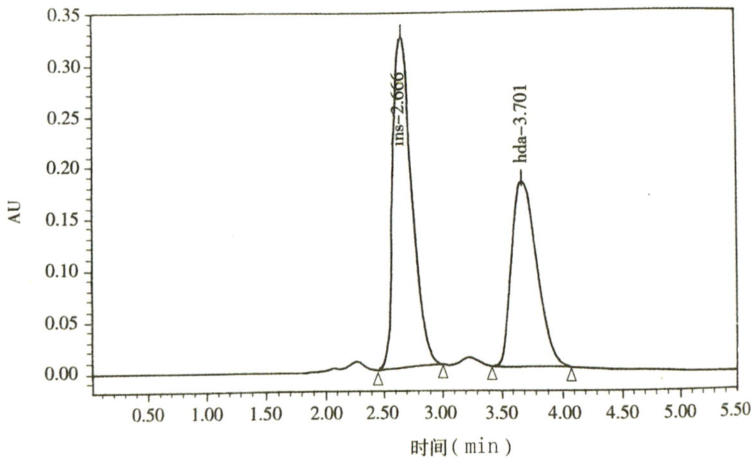

液相色谱仪测定

4. 计算结果

$$X = F \cdot \frac{A_i \cdot m_s}{A_s \cdot m_i} \cdot 100\%$$

式中：

X——10－HDA 含量,%。

F——校正因子。

A_s——试样中内标面积。

A_i——试样中被测组分峰面积。

m_s——内标质量，g。

m_i——试样质量，g。

（二）气相色谱－氢火焰离子化检测法

适用范围：本方法适用于蜂王浆及其制品的10－HDA 含量的测定。

方法原理：氢火焰离子化检测是以氢气和空气燃烧生成的火焰为能源，被测有机物组分被载气带着从喷嘴喷出，进入氢火焰时在氢火焰高温作用下发生离子化而生成许多离子对。在火焰的上部放上一对电极并施加一定电压，则电离产生的正负离子向两极移动而形成微弱的电流，离子电流虽然很微弱，但经高电阻取出电压信号就可以被检测，经放大器放大后，即可由记录仪记录下与单位时间内进入检测器的组分质量成比例的色谱图。

1. 试剂

本实验所用的水为重蒸水或去离子水，试剂除特殊说明外均为分析纯。

（1）乙醚。

（2）三氯甲烷。

（3）硅烷化试剂：BSA［N，O－双（三甲基硅烷基）乙酰胺］和 TMCS（三甲基氯硅烷）以2：1体积混合，用前配制。

（4）10－HDA 标准溶液（2mg/mL）；取10－HDA 标准品约50mg，置于25mL 容量瓶中，加三氯甲烷溶解并稀释至刻度，摇匀后置于冰箱中备用。

（5）10 - HDA 标准使用溶液（200μg/mL）：精密吸取 10 - HDA 标准溶液 5mL，置于 50mL 容量瓶中，用三氯甲烷稀释至刻度，摇匀。

（6）内标物溶液（0.5mg/mL）：取十六烷酸（棕榈酸）或十七烷酸约 50mg，精密称定，置于 100mL 容量瓶中，加三氯甲烷溶解并稀释至刻度，摇匀。

（7）盐酸溶液：1mol/L 水溶液。

（8）氢氧化钠溶液（ρ = 300g/L）。

2. 仪器与设备

（1）气相色谱仪，配有氢火焰离子化检测器（FID）。

（2）分析天平：感量 0.000 1g。

（3）旋转蒸发器。

3. 操作步骤

（1）样品处理

精密称取蜂王浆（干粉 0.15g）试样约 0.5g，置小烧杯中加 300g/L 氢氧化钠溶液数滴，使溶液澄清，并加少许蒸馏水使溶解，移入 100mL 容量瓶并用蒸馏水稀释至刻度，摇匀，精密吸取此溶液 10mL 置分液漏斗中，加入蒸馏水 10mL，加盐酸数滴，使呈酸性（pH≤3），用乙醚萃取 4 次，第一次用乙醚 40mL，其余每次各用乙醚 20mL。乙醚萃取液合并于第一分液漏斗中，用蒸馏水洗 3 次，每次 20mL，静置片刻，将乙醚层移入 200mL 梨形蒸馏烧瓶中，用旋转蒸发器在 40℃下蒸发去乙醚，精密加入 2mL 内标物溶液，再用旋转蒸发器在约 65℃下蒸发去三氯甲烷，然后通干燥氮气吹干。加入硅烷化试剂 0.5mL，密塞剧烈振摇混合，放置 10min 使硅烷化完全。待测。

（2）气相色谱分析条件

色谱柱：玻璃柱，柱长 2m，内径 3mm。载体为 Chromosorb W，酸洗，硅烷化处理，孔径 0.216～0.300mm（60～80 目），涂渍以 3% 硅油 SE－30 或相当者。

柱温 190℃。

进样口温度 220℃。

氮气流速 50mL/min。

氢气流速 50mL/min。

空气流速 500mL/min。

检测器温度：220℃。

（3）标准溶液的制备

校正因子测定：精密吸取 10－HDA 标准使用溶液 2.0、4.0、6.0、8.0mL 于小瓶中，各精密加入内标溶液 2mL，除去溶剂后加入硅烷化试剂 0.5mL，振摇，放置 10min 后，每个标准注入 3 次，每次 1μL。根据标准的峰面积比值求出平均校正因子 F。

（4）测定

精密吸取 1μL 样液和标准溶液注入色谱仪，重复进样不少于 3 次，求平均值。由所得到的色谱图求得峰面积比。

4. 计算结果

以试样的峰面积与标准溶液峰面积比较定量。平行试验相对偏差不超过 2.0%，如有争议，以高效液相色谱法（第一法）为仲裁方法。

（三）气相色谱－质谱法

适用范围：本方法适用于蜂王浆及其制品的 10－HDA 含量的测定。

方法原理：样品经过酸化，用乙醚提取 10－HDA，旋转蒸发后，用氯仿定容，GC－MSD 测定 10－HDA 含量。外标法定量。

1. 试剂

（1）10－HDA 标准品（纯度大于 99%）。

（2）10－HDA 标准溶液：0.2mg/mL（用氯仿配制）。

（3）1mol/L 的盐酸。

（4）硫酸钠水溶液：（20g/L）称取 2.0g 硫酸钠，用 98mL 水溶解。

（5）乙醚。

（6）氯仿。

2. 仪器

GC－MSD 气相色谱质谱仪；旋转蒸发器。

3. 测定方法

（1）气相色谱质谱条件：①色谱柱：DB－17 石英毛细管柱，30mm×0.25mm 或相当者；②进样口温度：270℃；③接口温度：270℃；④柱温：50℃保留 2.0min，以 20℃/min 升到 200℃，保留 1min，再以 5℃/min 升到 270℃，保留 1min；⑤载气：氦气，流速 1.4mL/min；⑥电离方式：EI（电子轰击）70eV；⑦测定方式：SIM（选择离子监测），选择离子 M/Z 73，86，124；⑧进样量：1μL。

（2）样品溶液制备：称取样品（鲜王浆 0.20g 或干粉 0.10g，准确到 0.000 1g，口服液 10.0mL），用 100mL 2% 的硫酸钠水溶液溶解后，移入 250mL 的分液漏斗中，加入 1mol/L 的盐酸 2mL 盐酸酸化（应该使 pH 小于 3.0），然后用 30mL 的乙醚提取，合并乙醚提取液经无水硫酸钠脱水，于 40℃水浴中浓缩至干，用氯仿定容 25.0mL，样液经滤膜过滤待测定。

4. 计算

配制系列标样浓度，按上述仪器条件测定，用 TIC 图定量，制定标准曲线，在同样的条件下测定样品的 TIC 图，由峰面积从标准曲线查找样品中的 10－HDA 的浓度，通过计算，得出样品中 10－HDA 的含量。

（四）毛细管电泳法

适用范围：本方法适用于蜂王浆及蜂王浆冻干粉中 10－HDA 的测定。

方法原理：在酸性条件下，用乙醇提取试样中的 10－HDA，经离心后，取上清液与缓冲液混合，用毛细管电泳仪测定，内标法定量。

1. 试剂

除另有规定外，试剂均为分析纯，水为去离子水。

（1）无水乙醇（优级纯）。

（2）盐酸溶液：0.03mol/L 水溶液。

（3）内标物：对羟基苯甲酸甲酯，含量 99.0%。

（4）内标溶液：取已干燥过的对羟基苯甲酸甲酯约 0.65g（准确至 0.000 2g），加无水乙醇溶解并移入 1000mL 容量瓶中，用无水乙醇稀释至刻度，摇匀。此溶液每 mL 含内标物约 0.65mg。

（5）十二烷基硫酸钠（SDS）。

（6）十水合四硼酸钠（四硼酸钠）。

（7）缓冲溶液（pH＝9.2）：称取 2.86g 四硼酸钠，0.718g SDS，用水溶解，并用水定容至 100mL。此溶液含四硼酸钠 0.075mol/L，SDS 0.025mol/L。

（8）10－HDA 标准品：99.0% 以上。使用前在放有浓硫酸的干燥器内减压干燥24小时。

(9) 10－HDA标准溶液：取干燥后的10－HDA标准品约0.025g（准确至0.000 2g），加无水乙醇溶解并移入25mL容量瓶中，用无水乙醇稀释至刻度，摇匀。此溶液每mL含10－HDA约1mg。

2. 仪器和设备

(1) 毛细管电泳仪：带紫外检测器。

(2) 超声波清洗仪。

(3) 涡旋混匀器。

(4) 离心机：4 000r/min、16 000r/min。

3. 测定步骤

(1) 蜂王浆：试样解冻至室温，用玻璃棒充分搅匀。称取0.5g样品（准确至0.001g），置于50mL容量瓶中，加入2mL盐酸溶液，置涡旋混匀器上混合使试样溶解。加入30mL无水乙醇，边加边轻轻摇动。再定量加入10.0mL内标溶液，用无水乙醇定容至刻度，摇匀，立即在超声波清洗仪中超声15min，取出，转入15mL离心管，在3000r/min离心10min。准确取上清液0.5mL，转入1.5mL离心管，加入0.5mL缓冲溶液，混匀后在16 000r/min离心10min进行测定。

(2) 蜂王浆冻干粉：试样解冻至室温，称取0.15g（准确至0.001g），置于50mL容量瓶中，加入20mL无水乙醇，2mL盐酸溶液，置涡旋混匀器上混合使试样溶解。再定量加入10.0mL内标溶液，用无水乙醇定容至刻度，摇匀，立即在超声波清洗仪中超声15min，取出，转入15mL离心管，在3 000r/min离心10min。准确取上清液0.5mL，转入1.5mL离心管，加入0.5mL缓冲溶液，混匀后在16 000r/min离心10min进行测定。

（3）校正因子测定：定时移取 0.5、10.0、2.0、3.0、4.0 和 5.0mL 的 10 - HDA 标准溶液至 10mL 容量瓶中，定量加入 2.0mL 内标溶液，用无水乙醇稀释至刻度，摇匀，分别吸取此溶液 0.5mL，加入 0.5mL 缓冲溶液，混匀后进行电泳分析。用峰面积计算，求出平均校正因子（F - $F，/6）。

（4）试样测定：每个试样进样 2 次，10 - HDA 及内标物的保留时间分别为 17.9min 和 21.7min。

（5）色谱条件：①毛细管柱：75μm（内径）×57cm 未涂覆石英柱，有效柱长 50cm。②检测波长：210nm。③进样方式：压力进样，0.5Pa。④进样时间：5s。⑤柱温：25℃。⑥工作电压：15kV。

4. 计算结果

按如下公式计算校正因子：

$$X = F \cdot \frac{A_i \cdot m_s}{A_s \cdot m_i}$$

式中：

F——校正因子。

A_i——标准溶液中内标物峰面积。

A_s——标准溶液中 10 - HDA 峰面积。

m_i——内标物质量，mg。

m_s——10 - HDA 质量，mg。

按如下公式计算试样中 10 - HDA 的含量：

$$X = F \cdot \frac{A_2 \cdot m_1}{A_1 \cdot m_2} \cdot 100\%$$

式中：

X——10－HDA 含量，%。

A_1——试样中内标物峰面积。

A_2——试样中 10－HDA 峰面积。

m_1——内标物质量，mg。

m_2——试样质量，mg。

平行试验允许误差（相对）：

——蜂王浆不大于 2%。

——蜂王浆冻干粉不大于 1%。

三、蜂王浆掺假掺杂的鉴别

蜂王浆主要掺假品有水分、淀粉类物质（面粉、米粉、糨糊等）、乳品类物质（奶粉、炼乳等）及蜂蜜等。

1. 掺水

蜂王浆中掺水是较普遍的现象。掺有水分的蜂王浆肉眼观察时色淡质稀薄（但正常蜂王浆亦不太稠，如太稠则为过时采收的蜂王浆，缺乏营养），急剧振摇后水层和蜂王浆层易于分开，上面为水层，形似淘米水，这是因为水比蜂王浆的密度小。

用一消过毒的玻璃棒，插入盛蜂王浆的容器底部，轻轻搅动后向上提起，观察玻璃棒上黏附蜂王浆的数量。数量多、向下流动慢的表明稠度大，含水分少；黏附数量少、向下流动快的表明浆稀，水分含量高。

2. 掺蜂蜜

掺有蜂蜜的蜂王浆，颜色变化不明显。肉眼观察时，外形似曾搅拌，或无搅拌感，口尝有甜味，放置一段时间后出现分层（蜂蜜比蜂王浆重，下沉)。用折射仪检查，折光指数增大。

斐林试剂检验法：取蜂王浆 1g 放置于试管中，用 5mL 蒸馏水稀释，搅匀，加斐林试液（碱性酒石酸铜试液）数滴，水浴上加热 1～2min，取出观察，如变红色，即可确证蜂王浆中掺有蜂蜜。

3. 掺淀粉或糊精

肉眼观察原品似曾搅拌过，手捻有细小颗粒触手感。浆色淡白，光泽差，朵块状不明显，碘液试验显蓝色。

用小玻璃棒蘸取碘试液划过涂有少量蜂王浆的白瓷板上，划痕处如显蓝色即可确证蜂王浆中掺有淀粉类物质。

4. 掺牛奶

肉眼观察原品似曾搅拌过一样，蜂王浆朵块形不明显，浑浊状，鼻嗅有奶腥味。

（1）取 0.5g 样品置于试管内，加蒸馏水 10mL，煮沸冷却后，加入 1g 食盐，若出现类似盐豆浆一样的絮状物，即有掺假。

（2）取试管 2 支，每支装 0.5% 的 NaOH 溶液 10mL，在酒精灯上加热煮沸，离火，取一支加蜂王浆 0.5g，搅拌，色渐转淡黄，清澈。取另一支加待检的蜂王浆 0.5g，若先出现云雾状并扩散下沉，颜色先浑浊后转微黄，不清澈，即为掺牛奶王浆。

5. 掺滑石粉

掺有滑石粉的蜂王浆色淡苍白，密度增加。

称 1g 蜂王浆于 50mL 的玻璃烧杯中，加入 10mL 1% NaOH 溶液，用玻璃棒轻轻搅拌，静置后，若产生白色沉淀物，则为掺有滑石粉的蜂王浆。优质蜂王浆的溶液应为透明无沉淀。

6. 掺幼虫体液、幼虫、蜡片

掺入幼虫体液的蜂王浆会起泡，在常温下存放1天，次日会产生大量的气泡，这是发酵引起的。掺入整体幼虫可通过肉眼观察，一般在瓶壁周围，色深暗。幼虫组织可用15倍显微镜涂片检查。掺入蜡片可用肉眼观察，为蜡黄色颗粒状物质，也可做热熔试验，颗粒状物，用点燃的火柴靠近能够迅速熔化的即为蜡片。

7. 掺入非蛋白物质

可做氨基酸试验，用玻璃棒蘸取待检蜂王浆样品1滴于定性滤纸上，再用滴管吸取茚三酮试液（称取茚三酮2g加95%乙醇100mL即可），在蜂王浆的表面加1~2滴茚三酮试液，立即置于150℃烘箱中烘烤3min，取出滤纸，观察滤纸上的蜂王浆样品，若呈蓝紫色或紫红色，则蜂王浆质量好，无发酵变质，若颜色变蓝黑或棕红色，均可认为蜂王浆中的氨基酸已被破坏，且发酵变质。

无论掺什么假都得搅拌，一经搅拌，朵状会被打碎，也容易起气泡。所以看蜂王浆是否有朵状、气泡很重要。但有一点是必须注意的：刚从冷库、冰箱里取出冻得特别结实的蜂王浆，一定不要当时检验，因为一经冻硬，什么朵状、气泡、掺假都看不出来了，浆的滋味也同样不好尝出来。蜂王浆滋味本身就挺复杂，酸、涩、辛辣再加上一层凉就更不容易辨别了。

第四章

蜂王浆的食用与储存

第一节 蜂王浆制剂

蜂王浆自问世以来，因其纯天然高营养的性质获得广大消费者的青睐，一般可以直接食用。但鲜蜂王浆具有酸、涩、辛辣的味道，适口性较差，有些消费者不太习惯这种味道，加之一般条件下蜂王浆难以保存，剂量难以掌握，服用不方便。为适应不同人群需求，加上生产工艺的不断提高，各种蜂王浆制剂应运而生。

事实上，在世界范围内，蜂王浆产品有如下十种类型：片剂、口服液、粉剂、软胶囊、硬胶囊、冲剂、蜜剂、注射剂、酊剂、酒剂等。

一、鲜蜂王浆

鲜蜂王浆（图 4－1）不同于其他制剂需要加工处理，它是直接从蜂群中提取出来的，除了过滤外不经过任何加工处理，不掺杂任何其他原料，可直接食用。但要将其开发为商品，就要考虑它的商品形象和市场价值。因此，就要进行必要的分装和适当的加工处理。

图 4－1　鲜蜂王浆

1. 过滤

刚生产出的蜂王浆中难免混有少量的蜡屑和蜂王幼虫，这些杂质的存在，不利于蜂王浆的长期贮存。因此，在蜂王浆正式加工、贮存前，必须去除杂质，使之成为纯净的蜂王浆。去除杂质目前多采用过滤法，其中最常使用的过滤法有以下两种：

（1）夹挤法：此种加工方法最为简便，适用于家庭和小型养蜂场。其做法是把蜂王浆装入 80 目的尼龙纱网袋中，扎紧袋口，用戴着橡胶手套的手或木制夹板挤压过滤。过滤前所有用具必须用 75% 的食用乙醇消毒，加工场所必须洁净，严防杂菌污染。

（2）刷滤法：刷滤法所需设备一般为自己定制，通常在厚度 1cm 左右的有机玻璃圆形筒下固定 1 个 80～100 目的尼龙纱网做成滤网，将滤网稳固地放置在托架上。以富有韧性的尼龙丝制成毛刷，毛刷背板用厚约 1cm 的有机玻璃制成，其中部固定有轴，该轴可与电机转轴相连接。将毛刷紧贴尼龙网面，网下接一无毒塑料容器或不锈钢容器，倒入蜂王浆，转动电机，蜂王浆即会由滤网缓缓滤出。

2. 分装

按商品的要求，可将鲜蜂王浆分装成不同规格的商品出售，在商店中鲜蜂王浆应存放在冰柜中。

鲜蜂王浆的特点与优势：

其一，从蜂王浆在蜂巢中的用途来看，年轻的工蜂把分泌的新鲜蜂王浆直接“嘴对嘴”饲喂给蜂王或者直接吐入三日龄的幼虫房中，也就是说，蜂王和蜜蜂的“婴儿”都是直接食用新鲜蜂王浆的。

其二，蜂王浆属于纯天然产品，不仅对蜜蜂无害，而且对人也十分安全，几乎不会产生什么不良反应（除非是小部分对蜂王浆过敏人群），可以放心食用。

研究表明，原生态的鲜蜂王浆活性最高，自然食用后的效果也较好。这就像我们日常生活中吃的肉、蛋、奶、水果、蔬菜一样，越新鲜，口味越好，营养价值越高。

其三，蜂王浆的突出特性就是它的营养成分齐全，营养价值高，作用范围广泛，它也因此成为全世界消费者长久热衷的产品。鲜蜂王浆可以同时满足人们内服和外用两种需求：内服作用于病变部位，可起到快速康复的效果；外用涂擦，可以美容养颜，防治皮肤病。

其四，如果将蜂王浆加工成其他剂型的产品，或将蜂王浆与其他物质复配，加工过程中的温度、湿度、机械运动、添加剂等都可能破坏鲜蜂王浆的成分，必然也会影响其使用效果。

其五，返璞归真成为一种时尚，人们开始选择食用天然、绿色、有机的产品，保障自己及家人的健康。纯鲜天然蜂王浆、成熟蜂蜜等蜂产品在全世界受到了青睐。

蜂王浆是一种天然食品，不必进行任何加工处理就可以直接食用，但鲜蜂王浆的储存条件较高，需要在－18℃的低温中冷冻保存，保证其新鲜程度，活性物质不易被破坏。鲜蜂王浆相较于其他制剂，其所含营养物质和活性成分含量较高，破坏程度低，但不适合外出携带，须低温储存，消费者只要家中有冰箱即可储存蜂王浆。

二、蜂王浆胶囊

胶囊剂（图4－2）是将粉末、液体或半固体原料填装于软胶囊或硬胶囊中制成的。胶囊剂的特点是整洁美观，易于吞服，原料的生物利用率高，在胃肠中比片剂崩解得快，吸收得好，同时克服了蜂王浆对光敏感、遇湿热不稳定等弱点，提高了原料的稳定性，避免其氧化、分解、吸潮结块变质等现象。

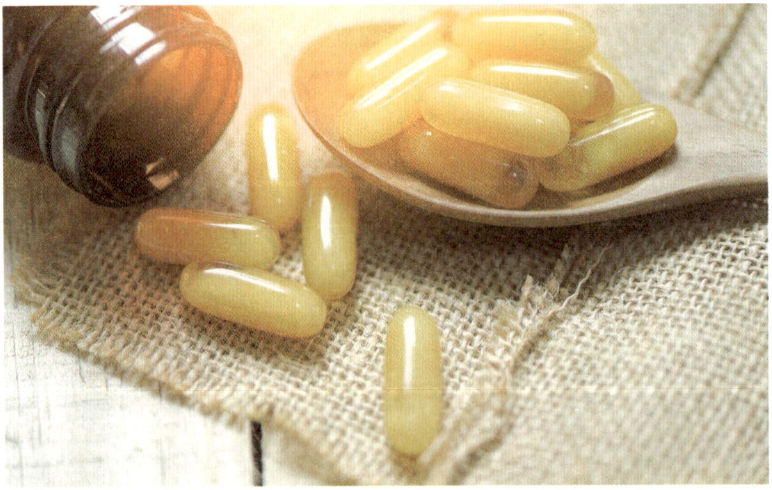

图4－2　蜂王浆胶囊

1. 硬胶囊剂的制作

蜂王浆硬胶囊中填充的是蜂王浆粉剂，是往王浆冻干粉中加入一些适宜的食品和药品的混合物，可人工也可机器化，操作简单，质量有保证，提高生产率的同时降低成本，便于携带和食用。

（1）空心硬胶囊的制备：空心硬胶囊壳分为上、下两节，上节粗而短，下节细而长，套叠在一起即可。硬胶囊壳的主要原料为明胶，其生产工艺为：溶胶→蘸胶→制坯→干燥→剥壳→切割→整理。

（2）原料的手工填充：根据分装量的多少，选择适宜型号的硬胶囊外壳。根据需要，将原料粉碎过筛，与适宜辅料混合均匀或制成颗粒状。将适宜的硬胶囊壳下节插入胶囊插板眼孔中，并使囊口与插板处同一水平。将定量的原料放在插板上，用刮板将原料均匀地刮入胶囊下节中。盖上硬胶囊上节，并压平、压牢。从胶囊插板眼孔中取下，填充好胶囊，筛去原料粉末，剔除破损者。用丝光毛巾蘸少许液状石蜡打光打亮。

胶囊剂填充机的填充方式可分为 4 种：①由螺旋钻压进原料。②用柱塞上下往复将原料压进。③自由流入原料。④在填充塞内先将原料压成单位量，再填充于胶囊中。

2. 软胶囊

蜂王浆软胶囊中含有一定量的甘油物质，富有弹性，所以外壳软。将蜂王浆冻干粉制成食用油状的悬浮液作为装填物，加入其他配料进行加工，控制加工过程中的温度湿度，得出不同品级的胶囊，将合格的胶囊进行分装，完好保留蜂王浆中的有效物质，便于携带和食用。

软胶囊剂（胶丸）的制法有两种：滴制法和压制法。滴制法设备简单，投资少，生产过程中几乎不产生废胶，产品成本低。压制法胶料浪费大，生产成本高。

采用软胶囊压制机制胶丸时，将油料、明胶浆分别放入料斗中，先调节好出胶皮的厚度和均匀度，再根据每粒胶丸内含量多少，调节出料口，先试压制一小部分，检查内容物重量是否符合规定，如不合乎要求，要重新调试，直至合格方可连续压制生产。压制出的胶丸，先冷却去油固定，再用乙醇洗涤去油、干燥。

三、蜂王浆片剂

片剂（图4－3）为常用的固体制剂之一，具有剂量准确、体积小、储运方便、易携带、生产的机械化和自动化程度高等优点。

蜂王浆片以王浆为主要原料，添加淀粉、无水葡萄糖等辅料拌匀，压成片即可。为减少蜂王浆与空气直接接触而发生氧化或吸收空气中的水分，蜂王浆片通常包有糖衣。此外，许多同类产品在此基础上添加辅助治疗剂，以加强王浆的作用。

图4－3　蜂王浆片

四、蜂王浆冻干粉

鲜蜂王浆酸涩带辛辣味，略甜，在水和乙醇中部分溶解，遇光、热、空气或置室温中均易变质，产生强烈臭气。鲜蜂王浆在常温下由于天然成分对光、热比较敏感，而热能降低药理作用和生物学活力，降低营养价值，易变质失效，在常温下不容易保存，给运输和贮存带来不便。蜂王浆冻干粉（图 4 –4）采用冷冻干燥技术，将蜂王浆进行真空冷冻干燥。加工成冻干粉的蜂王浆在密封避光的容器中就可以在室温下较长时间地存放，这样食用起来就方便多了。

图 4 –4　蜂王浆冻干粉

蜂王浆的冷冻干燥，就是将鲜蜂王浆冻结成固态，然后放置在真空环境中，使其中的水分直接由固态升华成气态而除去，达到含水量为 2% 左右的加工过程。蜂王浆经冷冻干燥后的制成品，称为蜂王浆冻干粉。

它能完好地保持鲜蜂王浆的有效成分和特有的香味、滋味，而且活性稳定，可在常温下贮存。

1. 冷冻干燥的原理

冷冻升华干燥实际上是一个脱水过程。将加工的原料首先冻结，然后在真空状态下将水分以蒸发干燥的形式除去。

从理论上可知，水的液态、固态、气态3种不同的状态是由压力和温度所决定。根据压力减小，沸点下降的原理，当压力降到610Pa，温度在0.009 8℃时，冰、水、气可同时存在，即三相平衡点。当压力低于610Pa，不论温度如何变化，水的液态都不能存在。这时对冰加热，冰只能直接升华成水蒸气。

根据这个原理，即可对含有大量水分并具有热敏感性质的蜂王浆，进行冷冻升华干燥制成干粉。

2. 冷冻升华干燥的特点

（1）由于在低温下操作，故物料能更好地保留其天然质量及各种营养成分。

（2）由于在真空下操作，故物料不易氧化，微生物的生长和氧化酶的作用也受到抑制。

（3）物料的原有质体、形状、组织和结构不变，保持了原来物质的特性，避免了溶质浓缩而使制品变质。

（4）由冰晶体升华，造成物料的多孔疏松结构，加水后极易溶解。因此，复水快，食用方便。

（5）能排除95%~99%的水分，制品能长期保存而不变质。

3. 冷冻干燥机的结构与功能

根据冷冻干燥的原理，冷冻干燥机必须具有制冷系统、真空系统、加热系统和电器仪表控制系统。其主要部件为干燥箱、凝结器、冷冻机组、真空泵和加热装置等。

制品的冻干是在干燥箱中进行的，干燥箱内的隔板用铸铝板制成，两排冷管及热管浇筑其中，分别用来对制品进行冷却和加热。

冷凝器内部装有螺旋状冷气盘管，一般为6组。其工作温度低于干燥箱内制品温度，最低可达-60℃。

4. 蜂王浆冷冻干燥的工艺要点

（1）过滤：在蜂王浆中加入等量的蒸馏水，搅拌均匀，再用100目尼龙纱网过滤，除去其中的杂质。将经过过滤的蜂王浆装入真空冷冻干燥机的托盘中，蜂王浆的厚度为8～10mm，或装入安瓿内，暂不封口，放进冷冻干燥室内。

（2）真空低温干燥：开动真空冷冻干燥机，将真空干燥室的温度降至-40℃，使蜂王浆快速冻结，然后将真空度控制在133kPa左右，使蜂王浆料温保持在-25℃左右，冷凝器的温度控制在-50℃左右，形成较大的蒸汽压差，促进水蒸气排出。同时给冷冻干燥室部件加热，传给料盘，促进水分升华。真空低温干燥持续进行12小时左右，蜂王浆中的水分已降至10%左右，此时已初步达到干燥的目的，但不能长期保存，必须继续干燥。此时可以提高干燥室的温度至30℃，最高不超过40℃，持续4～5小时，让水分快速蒸发，使蜂王浆的水分含量降低到2%左右，即完成干燥过程。

（3）粉碎：未加水而直接放入干燥室进行冷冻干燥的蜂王浆，通常只需要12小时就可完成干燥过程。但在脱水后质地坚硬，形成块状，需加以粉碎并过筛，以使其便于利用。有时在蜂王浆中加入部分医用淀粉后再进行冷冻干燥，这种产品常呈板结状，加水不能复原，经粉碎过筛，可作为加工蜂王浆胶囊和片剂等产品的原料。

（4）封装保存：蜂王浆冻干粉具有很强的吸湿性，封口必须在相对湿度低于60%的室内进行。因此，进行此项操作的车间，应该加装空调机和除湿机。分装封口和安瓿封口都必须快速进行，最好用真空封口或充氮气封口。

五、蜂王浆口服液

蜂王浆口服液是以新鲜蜂王浆辅以其他具有滋补营养作用的食品或中草药的提取物加工而成，不仅能较好地保存蜂王浆的有效成分，提高食用价值和商品价值，还克服蜂王浆的口感不好、不易常温储存、不易携带等缺陷，调整了产品的色、香、味，提高了使用价值和商品价值。

蜂王浆口服液的一般要求：对原料进行质量检查，防止不合格物料混入，禁止使用化学制剂规格的药品做原料，所用溶媒一般为蒸馏水，其他溶媒须符合照射用规格。口服液应为澄清的无色或有色液体，允许有少许微粒存在，无菌，符合卫生学检查标准。对有效成分较难控制的口服液，规定每100mL或10mL中含原料的量。装量准确、封口严密并按规定包装。

1. 加工工艺

①在蜂蜜中按1∶1的比例加入等量水混合，用50目尼龙纱网过滤，将蜂蜜中的蜂尸、蜡屑、杂质除掉，再将滤液用巴氏灭菌法灭菌。②蜂王浆加食用乙醇稀释搅拌均匀，先用20目尼龙纱网过滤，然后用50目尼龙纱网过滤，除去蜂王浆中的幼虫、蜡屑、杂质。③将准备好的蜂蜜和蜂王浆液倒入搅拌机内混合，加入山梨酸钾、香精和蒸馏水搅拌均匀，用120目的尼龙纱网过滤。④将滤液低温冷藏24小时后吸取上清液，过滤，将滤液分装，封口检验。

2. 常用的机械设备

（1）提取设备：提取溶媒回收器、精油蒸馏分离装置等。

（2）过滤设备：框板式压滤机、双联过滤器、离心过滤器等。

（3）浓缩设备：可倾式不锈钢夹层锅、薄膜蒸发器等。

（4）水处理设备：多效或高效蒸馏水器、离子交换水处理器。

（5）配料设备：配料罐或配料桶、全自动或半自动配液机。

（6）清洗设备：口服液清洗机、冲刷瓶机或自动注液刷瓶机、甩水机。

（7）罐装设备：自动定量分装机。

（8）封盖设备：口服液封盖机、瓶盖封口机、印字机。

（9）灭菌设备：高压消毒灭菌器、流通蒸汽灭菌柜、微波灭菌器。

（10）其他设备：电冰箱、远红外干燥箱、离心泵、输液泵、减压泵、真空泵、吸缩包装机等。

六、蜂王浆蜜乳

蜂王浆蜜乳是把鲜王浆和纯蜂蜜均匀地混合在一起制成的一种液体剂型，不添加任何防腐剂。该产品加工方法简单，成本低，服用方便，液体剂型有利于人体吸收，在20世纪80年代，我国城乡家用电器使用不普遍的时期，蜂王浆蜜乳是国内市场上很受消费者欢迎的一个品种。蜂王浆蜜乳的特点是利用蜂蜜来保护蜂王浆的各种有效成分，它将蜂王浆和蜜蜂的优点综合在一起，克服了蜂王浆常温下不易保存和口感不好的缺点。

加工工艺

①将蜂蜜加温达45℃时，先进行粗过滤（60目），然后进行中过滤

（90 目），将蜂蜜中的蜡屑、蜂尸、杂质去掉，再将滤液用巴氏灭菌法灭菌。②鲜蜂王浆中加入少量食用乙醇稀释，用 40～60 目的尼龙纱网过滤，将蜡屑、幼虫、杂质去掉。③将准备好的蜂蜜和鲜蜂王浆倒入搅拌机内混合，加入山梨酸钾和香精，搅拌 4～5 小时后停机，静置数小时。④将搅拌均匀的蜂王浆蜜乳进行分装，贴上标签，在避光、阴凉处贮存。

七、蜂王浆酒

蜂王浆酒根据不同添加成分划分为不同品种，有蜂王浆白酒、蜂王浆葡萄酒、蜂王浆人参酒等。

1. 蜂王浆白酒

将白酒和优质王浆按比例调配，搅拌均匀即可，具有舒筋活血、治病强身等作用。蜂王浆白酒制作不需要特殊工艺，加工成本低，可以取低度粮食白酒 500g，加入鲜王浆 50g，充分搅拌使其溶解即可。自制王浆酒在加入王浆后会有浑浊现象，如果供个人食用，只要喝前摇匀即可。

2. 蜂王浆葡萄酒

将葡萄汁打入主发酵罐，补加白糖使糖度达到 25 度左右，在 15℃的温度下进行主发酵。经过 15～20 天发酵，发酵液酒精达 11°，糖 5°，然后通入 100～200μL/L 的 SO_2 气体，抑制酵母和其他细菌的生长。静置 5 天使酵母和不溶性物质沉淀，用虹吸法将发酵液抽出，经过滤器过滤。然后将酒液打入老熟罐，降温至 －10℃放置两天，使过量酒石析出并分离出去。然后将温度提高到 25～30℃，在搅拌条件下保持 4 小时，然后再冷却到 0～5℃，冷处理 24 小时，这样的高低温处理要反复 4～10 次，最好是 4～6 次，这样就可以保证蜂王浆的各种成分在不受任何损害的条件下，充分混酿进葡萄酒中，使蜂王浆的营养价值和功效得以充分发挥出来。用此法酿制的蜂王浆葡萄酒，既有葡萄汁的美味，又有蜂王浆的功效，是老少皆宜的滋补珍品，强身健体，美容养颜，对妇女月经不调、不孕症有较好的疗效。

3. 蜂王浆人参酒

取成熟蜂蜜25kg，加水稀释3倍后，加乳酸pH到4.0~6.0，再加蜂王浆1kg，充分搅拌混合均匀后，保持温度36℃的条件下，接种啤酒酵母和米曲霉的培养每日各1L，使之发酵。通过发酵，蜂王浆溶解在发酵液中，并使发酵液中的糖分转化为乙醇。待发酵结束后过滤，除去杂质并把酵母分离出去，然后加入人参提取液（人参用40%乙醇进行浸提），充分混合后再加入200个装有鲜王浆的王台和山栀子100g，在20℃的条件下经过12个月的陈酿后，取出山栀子，分装入小坛或暗色瓶内。每坛（瓶）加放一条人参和两个王台，密封坛口即酿成蜂王浆人参酒。山栀子对肝脏病和黄疸病有功效，又是天然色素，王台本身含有腮腺激素，也是一种色素，所以加入山栀子和王台，既可强化酒的功效，又可调整酒的色泽和风味。此酒发酵必须同时加入啤酒酵母和米曲霉这两种微生物，由于蜂王浆中有些成分对酵母有抑制作用，所以只加酵母时不能进行发酵，在加酵母的同时加入米曲霉发酵才会正常。而且该酒的酿制法可以保证蜂王浆成分的充分溶解，还可以消除苦味和其他异味。通过以上方法酿制成的蜂王浆人参酒，功效高，酒度低，色、香、味俱佳，适合老人及病后体力恢复者服用，有强身健脑、提神益智的功效。

第二节　如何选购蜂王浆

当下的蜂产品市场鱼目混珠、良莠不齐，各种产品让人眼花缭乱，消费者选购途径越来越多，如蜂产品专卖店、网购、超市、药店、厂家直销等，稍有不慎就会上当受骗，所以消费者在购买或食用蜂王浆时一定要注意以下几点：

（1）一定要把纯天然的蜂王浆与蜂王浆制品区分开来，最好购买鲜蜂王浆，这样的产品在配料表上只有蜂王浆，没有其他任何成分。如果一定要买蜂王浆制品，在购买时，一定要看清成分配料表，买蜂王浆含量高的和配料相对名贵且含量高的。如果某制品未标明蜂王浆含量，须谨慎购买。

（2）在购买鲜蜂王浆及其制品时，要选择正规的生产企业，选择有固定销售点的商家或蜂产品专卖店，不宜选择没有生产和销售资质、流动商贩销售的蜂王浆产品。

（3）根据自己的健康状况、个人消费习惯以及个人工作、生活情况等确定是购买蜂王浆还是蜂王浆制品，选择适合自己的产品剂型。经常居家之人，尽量选购和食用鲜蜂王浆；工作忙或经常外出者，可选购蜂王浆冻干粉、胶囊或含片。

（4）散装蜂王浆由于卫生条件和产品质量无法保证，极有可能出现细菌超标、变质、掺假等现象，不要随便购买。

（5）如果是网购邮寄或快递，还涉及一个影响蜂王浆品质的重要因素——冷链低温保藏运输。传统的运输方法是泡沫箱加冰袋，这种运输方式运输方便，但对于偏远地区、快递时效慢的地区可能不适用。

（6）详细了解产品的质量情况，并逐一核实，以免上当受骗。切记不要单凭价格一个因素就盲目购买。

（7）蜂王浆中不应有杂质，如幼虫的尸体碎片、蜡渣等，但有少量细小的白色或无色结晶体属正常现象，可放心购买食用。

（8）购买的鲜蜂王浆一定要置于冰箱、冰柜等低温环境下保存，暂时不食用的部分最好放在冷冻室，一周内食用的蜂王浆则可放置在冰箱的冷藏室。

不管选购何种蜂王浆产品，都要认真仔细选择，以免上当受骗。

第三节 科学服用蜂王浆

蜂王浆是一种纯天然产品，因其高营养安全无毒的性质普遍受到人们关注，在国内外得到广泛研究，同时应用于临床医学，并起到一定作用。关于蜂王浆服用剂量问题，目前还没有一致的共识，更谈不上统一的标准，无论是挑选产品还是服用方式、剂量等，每一个环节都会影响服用效果。

一、蜂王浆服用五原则

1. 选优质鲜蜂王浆

蜂王浆是纯天然高营养的保健食品，为满足不同人群需求衍生出不同制剂产品，有鲜蜂王浆、蜂王浆冻干粉、蜂王浆胶囊、蜂王浆片剂等，在众多蜂王浆产品中纯鲜蜂王浆是最好的。科学研究证明，蜂王浆以天然新鲜、纯正无假、无农残、无抗生素、无食品添加剂为优质上品。

2. 空腹服用

对于服用蜂王浆的时间没有严格的规定，无论是饭前饭后或睡前服用都可，但若考虑到消化吸收问题，以空腹服用为佳。饭前或睡前半小时左右空腹服用，能减少胃酸对蜂王浆中的多种含氮的活性蛋白和活性多肽的分解破坏，有利于消化道黏膜对蜂王浆的直接吸收。

由于蜂王浆的味道酸、涩、辛辣，刚开始服用时，很多人不易接受。为改善口感，可与蜂蜜混合，一起服用，但忌用温度太高的水送服，以免破坏蜂王浆的有效成分。但是，并非所有人都适合空腹服用蜂王浆，尤其是胃酸太多的胃病患者，空腹食用会对胃、肠造成较强刺激，所以饭后食用较好。有些人服用后胃部感到不适，也可酌情减少用量，或用蜂蜜稀释后服用。

3. 保证服用量

蜂王浆有许多功能，但一定要吃够量，否则效果不明显。消费者应该依据自己的情况，每次按照规定的量服用，这样才能实现从量变到质变的飞跃，尤其在开始服用时更不能马虎。如果某段时间身体不好、劳累过度或病后康复，可加大用量，至少应是平时的一倍。

4. 坚持长期服用

食用蜂王浆贵在坚持，一定要根据治疗和保健的需要坚持每天服用。因为蜂王浆是天然产品，同其他天然中草药特性一样——慢而持久，不可能同西药一样有立竿见影的效果。所以服用蜂王浆时一定要坚持每天服用，切勿三天打鱼两天晒网，这样效果甚微。

5. 切忌高温放置和服用

蜂王浆有怕光、怕热的特性，高温会导致蜂王浆中大量的天然活性营养物质的流失。因此，从生产、运输到食用保藏，都必须始终保持一个完整的冷链，忽视任何一个环节，都可能破坏蜂王浆的营养成分。

因其怕高温的特性，在服用蜂王浆时切勿用开水冲服，更不能高温加热后食用，否则营养损失殆尽，效果会大打折扣。

二、蜂王浆服用方式

1. 含服

鲜蜂王浆最佳服用方法是舌下含服，这样可以首先通过舌下腺吸收其中一部分，慢慢咽下，让人体充分吸收，也可以温开水送服，避免大量营养成分遇热损失。冷冻的新鲜蜂王浆、蜂王浆冻干含片等产品，可以直接含服。

清晨起床后或晚上就寝前，最适合含服蜂王浆，具体食用方法是从冰箱中取出新鲜蜂王浆，不用化冻口含慢咽，为改善口感可同时适当吃一点蜂蜜，蜂蜜还能促使身体更好地吸收利用蜂王浆的营养。

2. 冲服

由于天然蜂王浆具有酸、涩、辛辣的味道，对一些口味挑剔的消费者来说，不太好接受，故也可用温水来冲服，或将蜂王浆加入果汁、少量牛奶、豆浆、咖啡、米粥或蜂蜜等饮品中直接喝下。这样既改善了口感，同时还提高了疗效，起到了增进健康的作用。

冷冻后的蜂王浆冲服不方便，可以将蜂王浆与蜂蜜按 1∶1 比例混合均匀，然后放入冰箱冷冻保存，这样蜂王浆就不会冻成硬块，食用非常方便，口感又好，蜂蜜的量可以根据自己的口感增加或减少。蜂王浆掺入蜂蜜后，既能用温水冲服，也可以直接吞服，特别是体寒的女性不能吃太冰凉的东西，用温水冲服冷冻的王浆蜜乳也是不错的选择。但是冲服要注意水温，不能超过40℃，可用嘴唇感觉水温，略带温热就行，否则会破坏蜂王浆及蜂蜜中的活性营养成分。此外，还要注意不宜用大量的水冲服。

3. 吞服

各种蜂王浆软胶囊、硬胶囊、口服液、冻干粉以及王浆酒、片剂等制品可以直接吞服，即将蜂王浆制品直接吞下，然后喝一些温开水，这是最普遍不过的方法。

4. 涂擦

用鲜蜂王浆直接涂擦患处，能缓解烫伤、外伤、皮肤病等，效果较好；也可以将蜂王浆配制成软膏或化妆品之类的制剂，直接涂擦在患处，用于缓解外伤、皮肤病等。鲜蜂王浆还可涂擦美容，使面部皮肤光滑、白嫩，消除褐色斑，减少面部皮肤皱纹。

5. 注射

将冷冻蜂王浆制成注射液，供皮下或肌内注射，便于人体直接吸收。在临床上，对于重病或病危的患者，一般采用注射的方法。实践证明，对糖尿病患者及体弱者，注射蜂王浆的提取液或稀释液效果更好，因为注射剂可使蜂王浆中的类胰岛素和丙种球蛋白等有效成分保存完好，而且便于人体直接吸收利用。因此，在欧美蜂王浆注射剂的使用相当广泛。

第四节 蜂王浆适宜和慎用人群

一、蜂王浆适宜人群

蜂王浆是高级滋补营养品，其功效介于食品和药品之间，可用于调理和辅助治疗多种疾病，也可用于养生保健滋补强身。一般说来，蜂王浆适宜绝大部分人食用，尤其是以下人群。

1. 免疫力低下人群

造成人体免疫力低下的原因有很多，如不良生活方式、身体器官衰老、患有疾病以及不合理使用或滥用药物等因素，都有可能削弱免疫系统的功能。免疫力一旦下降，人体的抗病能力就会大大降低，很容易受到细菌和病毒的入侵。

蜂王浆中含有多种微量元素，其中铁的含量就很高，这是一种可以加快人体造血功能的重要成分。人食用蜂王浆以后，造血干细胞数量增加，血液中血红蛋白的数量得到明显提高，从而减少了贫血和身体虚弱等多种症状。

更重要的是，蜂王浆中的营养成分可以加快人体多个器官的细胞再生，对人体免疫细胞也能起到同样的作用。它可以消灭体内多种病菌与病毒，还能提高身体中巨噬细胞的活性，这种巨噬细胞又是人体免疫系统的重要组成部分，它的活性提高以后，人体自身的免疫功能就会有显著的提高，因此，食用蜂王浆也就具有提高人体免疫力的作用。

2. 内分泌紊乱人群

人体内的激素分泌异常可能会影响到身体健康，还会出现抵抗力下降等问题。蜂王浆中含有微量的激素成分，当内分泌出现紊乱时，可以适当食用一些蜂王浆来补充，从而起到调节体内激素水平的作用。

3. 中老年人群

人上了年纪以后，身体的各项机能会逐渐退化。尤其是进入老年期后，人体的退化进程大大加快，70 岁时与 40 岁相比，肾脏和肺脏的重量都减少了 10%，肝脏减少了 18%，骨骼肌总重量减少 40%，原因是细胞在不断地减少。

蜂王浆中的营养成分，能解决从食物中获取的营养成分不足问题，以及对老年人身体衰老细胞进行补给和修复，具有良好的作用。多年的科学研究和临床实践检验都证明，蜂王浆在延缓衰老、提升记忆力和增加寿命等方面都具有突出的效果。

4. 更年期女性

更年期是人必须经历的一个生理阶段，一般而言，更年期发生在 40～55 岁，这一时期人体激素水平、生化环境以及心理状态会发生变化，从而引发一系列更年期症状。女性在进入到更年期之后，会出现身体出汗或者是失眠多梦以及情绪不稳定等症状。

蜂王浆中的谷氨酸、泛酸及维生素和微量元素等成分，有助于调节和平衡人体新陈代谢，因此更年期人群吃蜂王浆一方面能增强自身体质，另一方面又能减轻更年期综合征的症状。

5. 营养不良人群

蜂王浆中含有大量的维生素、蛋白质、氨基酸、微量元素和酶类等活性物质，有调节人体各种生理功能和增加营养的作用，对各种营养不良症有良好的治疗作用，特别对那些有可恢复性内分泌紊乱的疾病和因感染等导致营养不良者，及营养不良的婴幼儿等，其治疗效果更为明显。成人或青少年营养不良、体弱多病，或者是用脑过度者，可食用蜂王浆帮助增强体质、提高智力。未成年人服用蜂王浆时，要根据个体状况来选择服用周期和服用剂量，具体可以咨询医生的意见。

6. 大病初愈人群

大病初愈尤其是刚做过手术的人，通常会身体虚弱，并出现乏力、面色苍白、气短等症状。这是由久病或大病造成的营养不良、气血不足等问题引起的。这类人群可以通过适量食用蜂王浆来调节身体机能、补充营养成分。

蜂王浆中含有多种人体必需的氨基酸、核酸、王浆酸、维生素以及微量元素等丰富的营养成分，可以为身体提供充足的营养，增强身体抵抗力，同时这些成分还可以加快身体的新陈代谢，促进组织细胞的再生，对于术后的健康恢复有不错的帮助。并且，蜂王浆中的王浆酸有很强的杀菌消炎能力，能够抑制多种细菌的生长和繁殖，在一定程度上帮助人体抵抗术后感染及病菌侵扰，预防术后易感冒等情况的发生。长期服用蜂王浆还可使病后恢复期大大缩短，并能有效提高抗病能力，预防旧病复发。

需要注意的是，刚做完手术后不宜立即食用蜂王浆，因为术后病人失血过多，身体严重虚弱，虚不受补。此时服用蜂王浆，反而效果不好，而且容易导致身体的不良反应，以术后一个月左右开始食用为佳。

二、蜂王浆慎用人群

蜂王浆作为一种富含多种高蛋白、维生素和微量元素的优质食品，是调节人体机能、补充身体营养的绝佳选择，因此，很多人都有日常食用蜂王浆的习惯。然而，并不是所有的人都适合吃蜂王浆，有小部分特殊人群要谨慎食用。

1. 蜂产品过敏体质者

平时生活中食用海鲜或一些药物容易过敏的人群，对蜂产品要谨慎服用，否则身体可能会出现过敏反应。如有需要，服用者可先在短期少量试服，待观察身体无不良反应后，再按需服用。

2. 孕妇

蜂王浆会刺激子宫收缩，影响胎儿的正常发育。蜂王浆中丰富的营养物质使其成为一种滋补佳品，在孕期食用过量可能会导致胎儿过大而带来难产的风险。

3. 青少年、儿童

青少年、儿童处于长身体的黄金阶段，父母总是怕耽误了孩子的成长而选择一些利于身体发育的保健品，适当地服用蜂王浆可以增强孩子的免疫力，但若过量食用，可能会带来提早发育的不良后果。

第五节 蜂王浆如何储存

一、影响蜂王浆质量因素

蜂王浆含有丰富的蛋白质、游离氨基酸、酶类、维生素、脂类、微量元素等多种生物活性物质，如果不能妥善保存，这些物质将失活并发酵变质，失去应有的营养价值。研究表明，对鲜蜂王浆质量影响较大的因素有温度、湿度、微生物、空气、光照等，如果能够有效避免或控制这些因素的干扰，蜂王浆便可久存而功效不减。

1. 温度

蜂王浆对热敏感，很不稳定，在 80℃ 以上会很快变质、失活失效，即使在常温下放置三天，营养成分也会流失，新鲜度随之下降。在常温下久存，鲜蜂王浆会发酵变质。在避光、密封条件下，冷冻保存两年以上，其成分变化甚微，质量稳定。故鲜蜂王浆必须在避光、密封、低温冷冻等条件下保存。

2. 微生物

微生物无处不在，科学家们称，寄居在人身上的微生物约有 400 多种，一个人的体内大约有 1.4～2kg 重的细菌。从某种意义上来说，人的身体是一个微生物加工厂，每年一个人的身体能产出 1000 亿～100 万亿个微生物。

在导致蜂王浆腐败变质的众多因素中，微生物占主导作用。蜂王浆在贮存过程中，极易受微生物侵袭而腐败变质。要延长蜂王浆的保质期，就要杀死微生物或抑制其生长繁殖。

温度是影响微生物生长与存活的最主要因素。任何微生物都有其最适宜生存的温度范围，高于或低于此温度范围，微生物的生长会受到抑制。多数细菌、酵母、霉菌的营养细胞和病毒在50～60℃下10min可致死，但蜂王浆是不能采用高温处理的。在0℃以下时，微生物体内水分冻结，生化反应无法进行而停止生长，有的甚至会死亡，故低温、密封等都是保藏鲜蜂王浆常用的方法。

3. 水分

蜂王浆的腐败与其水分含量有关，因为含水量越高的食品越难保存。更确切地讲，是与水分活度相关，水分活度越大，自由水含量越多，越易受微生物感染，所以，降低水分活度是延长食品保质期的手段之一。蜂王浆冻干粉就是在低温条件下降低了水分含量和水分活度，从而延长了其保存时间。

4. 氧含量

微生物的增殖需要不同的气体环境，在有氧的环境中，霉菌、酵母和细菌都能引起食品变质，而缺氧时，引起变质的只能是酵母和细菌，高浓度CO_2和N_2可抑制微生物生长。所以，可采用真空包装或真空充氮包装来延长蜂王浆的保质期。

5. 提高渗透压

微生物的细胞膜属半透膜，当微生物细胞置于高渗透环境中，水将通过细胞膜从低浓度的细胞内进入细胞周围的溶液中，造成细胞脱水而引起质壁分离，使细胞不能生长甚至死亡。所以，一般可用高浓度的蜂蜜来保存蜂王浆，将其配制成王浆蜜乳保存食用。

6. 添加纯天然防腐剂

添加食品防腐剂是延缓食品变质的有效手段之一。防腐剂一般分为化学合成品和天然品，其中化学合成品又分为酸型、酯型和无机防腐剂，在实际生产中应用较多；天然品包括植物源、动物源、微生物源、矿物源防腐剂以及一些天然有机物。在蜂王浆或其制品中加入2%~5%的纯天然蜂胶，既可起到良好的防腐效果，同时还可强化蜂王浆的功效，一举两得。

二、蜂王浆存储的适宜温度

蜂王浆含有丰富的生物活性物质，如果不能妥善保存，这些物质将失去活性并发酵变质，从而失去应有的营养价值。

（1）蜂王浆在低温避光处保存最好，家庭用的冰箱冷藏室温度一般在0~8℃（若经常开冰箱的话温度会更高），冰箱冷冻室在-2~-10℃，保鲜层能保存蜂王浆20~30天不变质，而冷冻室最多保存半年时间。有的消费者购买后担心在回家或带到外地的路上没有低温冷藏而坏掉，这样的担忧是多余的，因为常温下（20℃左右）蜂王浆可以保存3~5天不变质。

如果一次性购买2kg以上的蜂王浆怕来不及食用也不用担心，先拿250~500g蜂王浆放在冰箱冷藏室，余下的蜂王浆放在冰箱冷冻室保存，待冷藏室的蜂王浆吃完后，再从冷冻室解冻一些蜂王浆到冷藏室，这样半年内可以保证蜂王浆的营养不丢失。家庭用的冰箱因经常打开，温度不是很低，所以建议蜂王浆最多保存半年，而冷库的冷冻温度相对家庭冰箱要低得多，保存蜂王浆几年也不变质。

总之尽量缩短蜂王浆的保存时间，尽快食用有利于营养的吸收并且保证蜂王浆功效达到最佳。

（2）一般蜂王浆在 -5℃左右能保存半年不变质，-10℃可以保存一年左右，-18℃保存两年以上。-5℃以上保存半年后的蜂王浆颜色会慢慢加深，并且酸辣感也会降低甚至没有。

（3）在没有冷藏条件的情况下，可以把蜂王浆拌到蜂蜜里（蜂蜜浓度必须要在41波美度以上），蜂王浆和蜂蜜比例为1∶10，这样蜂王浆可以保存一个月左右，但必须每天食用时要充分搅拌，因蜂王浆的比重小，会浮在蜂蜜上面。

（4）如果喝酒的话可以将蜂王浆拌到酒里保存，白酒要50°以上，蜂王浆和酒比例为1∶5，且要经常搅拌或摇均匀，让蜂王浆充分溶解到酒里，这样可以保存一两年（视酒的度数而论）。

（5）蜂王浆口感为酸、辣、涩味，如果发现蜂王浆颜色变深，有馊味、苦味等异味甚至发酵产生气泡，则表明蜂王浆已变质，不宜食用。

目前，鲜蜂王浆的国际贮藏温度标准是 -10℃，日本规定蜂王浆必须保存在 -15~ -20℃的低温环境中。2002年7月25日，中国农业部（现中华人民共和国农村农业部）发布了蜂王浆冷冻和干粉蜂王浆储存的国家质量标准，规定新鲜蜂王浆应保存在 -18℃以下的环境中，保质期为24个月。如果蜂王浆干粉在室温下密封保存，保质期为3个月；如果温度为 -5℃，保质期可延长至24个月。很明显，除了冷冻外，没有什么能保证蜂王浆的质量，特别是在保护生物活性方面，如丙种球蛋白、超氧化物歧化酶（SOD）、活性肽、类胰岛素、类固醇和酶。因此，在这些条件下保存的蜂王浆可以保证其保健和治疗的有效性。

第六节 蜂王浆最新研究进展

一、临床应用

蜂产品集营养性、功能性、安全性、天然性于一体，蜂产品的医疗保健应用既是古老的中医生物医学，又是一门新兴学科，兼有现代医学和传统医学的内涵。

蜂王浆的众多生物学功能既是独立存在的，又是相互联系的。独立存在时，蜂王浆中的 ELVs 可抑制和杀灭金黄色葡萄球菌；Phe - Asp、Trp - Val 和 Arg - Tyr 等抗氧化肽可清除抗氧化系统中的活性氧。相互联系时，多种活性物质的功能可协同增强：如在伤口愈合过程中，蜂王浆的抗菌活性为创面提供一个碱性环境，抑制生物膜的形成和细菌的黏附；抗炎活性可抑制巨噬细胞产生促炎细胞因子，防止伤口发生炎性反应；蜂王浆又可作为免疫调节因子，提高机体免疫力，进一步促进伤口愈合。另外，蜂王浆抗氧化和抗高血压活性及抗高胆固醇血症活性相结合时，还可能降低胰岛素抵抗和糖尿病并发症的风险。

蜂王浆及其衍生物具有非常广泛的药用价值，目前在高血压、高胆固醇血症、糖尿病、癌症、神经调节、中老年疾病、生殖及内分泌系统疾病中均有涉及，已被证明对多种疾病具有显著的预防及治疗作用。同时，蜂王浆对心血管、神经和消化系统及肾、肺等脏器具有保护作用。

二、用于农业、畜牧业

蜜蜂产品在农业方面具有非常广阔的发展前景，将蜂王浆添加到香菇菌的培养基中，不仅大大促进了香菇的成活率和提升了产量，其质量还有显著提高，有效成分增加，应用场景拓宽，价值提高。在试验室中，科学家将蜂王浆添加到培养基中，可使花椰菜髓外植体和离体叶分化成苗，从而显示出蜂王浆在植物育苗及促进发育成长等方面的奇特作用。

在家禽养殖中，采用蜂蜜、蜂花粉、蜂王浆等蜂产品作为饲料添加剂，可促进家禽生长，提高家禽肉中蛋白质含量，增加产蛋数量和种蛋的受精率，显著提高孵化率和育成率，且成品不会给消费者带来类似于应用激素添加剂而产生的隐患。在珍稀动物养殖方面，蜂王浆不仅能提高经济效益，还可能为丰富野生物种资源另辟蹊径。

三、用于食品饮料行业

蜂王浆是介于食品与药品之间的天然保健品。罗马尼亚用蜂王浆与其他蜂产品组合制成许多专利产品，其突出特点是蜂王浆在口腔中反复咀嚼缓慢释放，使有效成分被人体充分吸收。日本等国家允许把蜂王浆作为食品添加剂来强化食品，从而增强食品的补益作用。我国也把蜂王浆应用于食品加工业中，由此而生产的蜂王浆食品、饮料也不胜枚举。这类产品有王浆巧克力、牛奶蜂乳晶、王浆蜂蜜、王浆奶粉、王浆乳脂奶糖、王浆花粉蜜、王浆可乐、王浆饼干等。

四、用于美容及化妆品

近几年，蜂产品在美容方面的功能被国内外学者广泛关注。蜂产品具有显著的美容效果，蜂蜜、蜂王浆、蜂花粉、蜂胶、蜂毒等作为美容产品特点鲜明，具有双重功效，既能外用，又能内服，外用能增强表皮细胞活力，防止皮肤衰老；内服可以促进机体排出毒素，促进新陈代谢，减少色素积累，并增加抵抗力。此外，蜂产品对于唇干裂、口腔炎、冻烫伤及保护皮肤创面等也有保健作用。

蜂王浆含有丰富的营养成分和生物活性物质，可激发细胞活力，调节皮肤新陈代谢和生理平衡，可滋养皮肤防止皱纹出现。使皮肤滋润含水量提高。我国生产的含蜂王浆化妆品主要有：蜂王浆珍珠霜、蜂王浆柠檬蜜、蜂王浆甘油蜜、蜂王浆杏仁蜜、蜂王浆护发素等；国外以蜂王浆为主要原料的化妆品有：王浆花粉擦脸液、蜂王浆面膏、美容油膏等。

五、蜂王浆的前景展望

蜂王浆的应用是十分广泛的，已成为当今国内外广受青睐的保健佳品。近年来，国内外学者对蜂王浆的化学组成、营养价值及生物学功能进行了广泛而深入的研究，蜂王浆应用范围也在不断地扩大。但由于蜂王浆本身成分的复杂性和功能的多样性，保存条件要求的苛刻性，所以还需要做大量的工作，包括以前研究中尚未解决的问题和一些新问题，而研究的重点则应放在功能因子的确定、新鲜度指标的研究及保存条件研究等方面。

第五章

蜂王浆常见问题解答

1. 蜂王浆、蜂蜜和蜂胶的区别？

（1）性质不同：①蜂王浆：是蜜蜂巢中培育幼虫的青年工蜂咽头腺的分泌物，是青年工蜂分泌的乳液，是蜜蜂体内的精华。②蜂蜜：是蜜蜂采集植物的花蜜或分泌物，经过充分酿造而储藏在巢脾内的甜物质，是植物生命的精华。③蜂胶：是蜜蜂从植物新生枝芽或树皮上采集的树脂，混合了内勤蜂上颚腺的分泌物和蜡腺分泌物加工而成的固体胶状物，是植物精华物质与蜜蜂内分泌物的复杂混合物。

（2）营养成分不同：①蜂王浆：含有62.5%～70%的水分，1%～14.5%的蛋白质，8.3%～15%的糖类，6%的脂肪酸，0.82%～1.5%的微量元素。此外还含有人体必需的各种氨基酸、维生素、王浆酸、乙酰胆碱以及无机盐、有机盐、酶、激素等丰富的营养物质和多种生物活性物质。②蜂蜜：果糖、葡萄糖、麦芽糖等碳水化合物约占82%，水分约占17%，还有大约1%的氨基酸、维生素、矿物质以及酶类等多种营养物质。③蜂胶：含有20余类，380多种天然物质成分，包括黄酮类化合物71种，芳香酸酯与芳香酸酯类化合物59种，氨基酸25种，醛与酮类化合物17种，脂肪酸和脂肪酸脂50种，萜类化合物19种，醇、酚类和其他化合物24种，以及钙、锌、铁、硒、铬等30多种人体所必需的微量元素等。

（3）作用不同：①蜂王浆：是工蜂和雄蜂幼虫3日龄内的食物，也是蜂王终身的食物。②蜂蜜：是成年工蜂、成年雄蜂、大龄工蜂幼虫、大龄雄蜂幼虫的主要食物。③蜂胶：是蜜蜂用来填补蜂巢内的缝隙、洞孔以及稳定加固巢脾、巢框和蜂箱的黏合剂，也是蜂巢中防治幼虫病害、避免细菌病毒感染、防止蜂蜜等食物霉变的天然抗菌防腐剂。

2. 蜂王浆是怎么形成的？

蜂王浆，是由5~15日龄工蜂的咽下腺和上颚腺分泌的一种黏稠物质。咽下腺也称为王浆腺，它位于工蜂的头部，上颚腺则位于工蜂的口腔中。当咽下腺的分泌物（即蜂王浆中蛋白质的主要来源）经过导管到达口腔时，上颚腺也会产生一种分泌物（即蜂王浆中脂肪酸的主要来源），而蜂王浆就是由这两种腺体的分泌物混合而成。

3. 服用蜂王浆的蜜蜂和不服用蜂王浆的蜜蜂有什么区别？

同样都是蜂王产的受精卵孵化为幼虫，如果在整个幼虫期被喂以蜂王浆，只需16天，它就发育成性器官完全的蜂王；如果幼虫期的前3天被喂以蜂王浆，以后喂以蜂蜜、花粉，它21天才发育成性器官不完全的工蜂。

生产期工蜂的寿命约30~40天，而一生专以蜂王浆为食的蜂王可活5~6年，其寿命相当于工蜂的50倍左右，个体大小为工蜂的1.5倍左右。

在蜂群繁殖盛期，蜂王每昼夜可产卵1500~2000粒，这些卵加在一起，相当于蜂王本身的重量，这其中惊人的生命力和精力的来源全靠蜂王浆。如果蜂王吃不到蜂王浆，其体形变小，卵巢就会逐渐萎缩，停止产卵。

4. 养蜂人是怎么采集蜂王浆的?

蜂王浆的采集过程是这样的：工蜂为了培育出蜂王，会在王台中分泌王浆，根据蜜蜂的这一特性，养蜂人模拟仿造了很多假王台，把雌性幼虫移入假王台中，让其分泌王浆，待蜂王浆数量足够多的时候，再用特殊工具移去王台中的幼虫，取出王浆，冷冻处理。这就是我们平时所吃的鲜王浆了。

5. 蜂王浆中主要含有哪些活性物质?

蜂工浆由100多种珍稀成分组成，其中的氨基酸、维生素和微量元素，能补充人体营养，满足人体需要，丰富高效的活性酶类和有机酸，可协调内分泌，平衡机体从而起到改善睡眠、增强体质、治疗疾病的功效。蜂王浆中所含有的能起到抗肿瘤抗辐射作用的10－HDA为其在自然界所独有，另含3%目前尚未探明的神秘“R物质”可以起到调节代谢活化机体的神奇保健作用。研究表明，蜂王浆中含有人体必需的蛋白质，其中清蛋白约占2/3，球蛋白约占1/3；含有20多种氨基酸，16种以上的维生素，多种微量元素以及酶类、脂类、糖类、激素、磷酸化合物等。

6. 品质好的蜂王浆应该是什么味道和口感?

由于蜂王浆成分复杂，所以味道也很特殊。国家标准中标明蜂王浆有明显的酸、辣、辛、涩，这种独特的口感是人工调配不出来的。另外，新鲜纯净的蜂王浆口感细腻，无颗粒感。

7. 哪些因素会对蜂王浆成分有影响?

不同季节、地区、花粉源，所产的蜂王浆成分会有一定差异。一般来说，春季产的蜂王浆，其有效成分高于夏季和秋季产的；湿润地区所产蜂王浆的水分稍高于干燥地区生产的；花期长、粉源多的花源期所产蜂王浆，不仅产量高，其有效成分也相应提高。

8. 蜂王浆含有激素吗？是否对人体有危害？

蜂王浆和肉、禽、蛋、奶等动物性食品一样，有正常含量的激素，而且科学实验证明，蜂王浆中激素含量远远低于一般动物性食品，随意夸大蜂王浆中的激素是违背科学常识的。

事实上，人也不能离开激素。一般每人每天所需性激素量为5000～7000μg，即使每天食用15g蜂王浆，一个月累计食用450g，补充到的性激素也仅为3.6μg。由此可见，虽然蜂王浆中含有激素，但含量较低，因此，食用蜂王浆是绝对安全的。

9. 蜂王浆中所含激素主要作用是什么？

蜂王浆中含有调节生理机能和物质代谢、激活和抑制机体引起某些器官生理变化的激素，因而蜂王浆可应用于治疗风湿病、神经功能症、更年期综合征、性功能失调、不孕症、前列腺癌、乳腺癌、延缓衰老等。由于蜂王浆中激素的种类和含量合理，配比科学，相互间是协调、平衡和统一的，加之食用量比较稳定，不足以引起机体产生不良反应和失调现象，食用者不必有任何顾虑。

10. 蜂王浆含有的性激素会引发女性乳腺癌吗？

据相关数据统计，国家市场监督管理总局已批准的蜂王浆类国药准字号药品22个，保健食品有300多个，批准的保健功能有：增强免疫力、延缓衰老、降血脂、对化学性肝损伤的保护等。国家对药品、保健食品的审批必须经过致畸形、致突变和致癌的安全性毒理学试验，证明该产品的安全性能。所有已被批准生产销售的蜂王浆产品标签说明书上，都没有蜂王浆是女性乳腺癌危险因素的提示。

经过多年的研究，目前国内外已有数百篇的科学研究成果证明，内源性激素是动物性食品的天然成分，蜂王浆中激素含量远远低于一般动物食品，它与乳腺癌的发病没有必然联系。国内蜂产品权威检测机构“农业农村部蜂产品质量监督检验测试中心”对蜂王浆激素的检测结果，证实了“蜂王浆激素含量高”的说法没有任何科学依据，且蜂王浆激素含量低于国家规定的检出限标准，甚至无法检出，只能称其为“痕量”，不会对人体造成危害。相反，国内外均有大量公开发表的药理实验和临床报告证明：服用蜂王浆可增强机体细胞免疫功能，抑制肿瘤，并能改善肿瘤患者症状，增加食欲，减轻放化疗的毒副反应。

世界上食用蜂王浆最多的国家是日本，人均蜂王浆消费量是中国人均蜂王浆消费量的 7 倍，日本人口长寿排名长期位居世界第一，也是发达国家中乳腺癌发病率最低的国家之一。我国江苏省人均消费蜂王浆超过全国平均水平，该省的乳腺癌发病却低于全国平均水平。因此，不仅健康的女性可以放心服用蜂王浆，而且乳腺癌病人也完全可以大胆地服用，因为蜂王浆有防癌、抗癌作用。

11. 日本人为什么偏爱食用蜂王浆?

日本共有 70 多种养生保健品，其中蜂王浆连续 20 年排在保健品消费榜第一位。日本除了消耗自产的蜂王浆外，每年还要从中国进口 450kg，足见日本人对蜂王浆的喜爱程度。在日本，蜂王浆价格较昂贵，但依然供不应求，主要有以下两个原因：

第一，就是蜂王浆能防治多种疾病，特别是一些病因不明的疑难杂症。日本医学博士森下敬一在他的蜂王浆研究著作中，比较系统地介绍了蜂王浆的有效成分、药理作用、抗癌作用、治疗病例等，并详细介绍了在临床上用于治疗濒死的重症患者、亚健康者以及肠胃病、高血压病、低血压病、动脉硬化症、体质虚弱、肝病、更年期综合征、精神障碍、前列腺肥大、痔疮、神经痛、风湿病、各种皮肤病、气喘、脚气、心脏病、结核、肾脏病等病例。医学博士浚会浩根据临床病例归纳了蜂王浆的效用后也认为，蜂王浆有防治多种疾病和延年益寿的功效，特别是一些原因不明的疑难病症，用蜂王浆就能把它治好。医学博士杉靖三郎称，蜂王浆在保健食品中是最优秀的产品。

第二，就是蜂王浆有延年益寿的功效。20 世纪初，日本人的平均寿命不到 45 岁，而到了 20 世纪末，平均寿命竟达到了 80 多岁。短短几十年间，日本就一跃成为世界上最长寿的国家，这与日本国民长期服用蜂王浆有着密切的联系。自 20 世纪 50 年代开始，日本全国开始服用蜂王浆，国民健康得到大大改善，平均身高比以前增高约 2～3cm，人均寿命更是逐年提高。正如日本玉川大学一位教授所说："几十年来日本人的身高增加了，寿命延长了，受益于蜂王浆。"日本学者松田正义评价蜂王浆的功效时说："人们将蜂王浆誉为自有青霉素以来的宝药。"青霉素使人类减少了死亡，蜂王浆给人类带来了长寿。森下敬一博士通过研究也认为，蜂王浆确有防止衰老的作用。

日本长期的实践总结表明，蜂王浆确实是防治多种疾病、抵抗衰老、延年益寿的珍品。因此，日本人对于蜂王浆的偏爱甚至达到了一种痴迷的程度。

12. 蜂王浆适宜哪些人吃？

中老年脑力劳动者和亚健康人群往往劳神过度，大脑耗氧太过，出现头昏脑胀、精疲力竭等现象，久而久之造成神经衰弱。而蜂王浆则有明显增强脑功能、耐缺氧能力等作用，使之消除疲劳、保持精力旺盛。

放射性物质和某些化学合成的药物对于人体的细胞有损伤和毒害作

用，蜂王浆则有益于人体减轻或免受其伤害的功能，因此蜂王浆最适合于从事放射性职业者和接受放、化疗治疗的病者。

蜂王浆对于在高原、高空、高寒、水下及经常接触各种有毒物质的处于野外恶劣环境中的生活与工作者尤为适宜，因为蜂王浆能增强人体的耐寒、抗冻、耐缺氧能力。

人到了老年期，脑细胞和神经系统及各个脏腑器官功能、机能都会衰退，而能延缓这个过程最有效办法之一就是服用蜂王浆，因为它能激活衰老细胞、振奋机体功能、调节生理机能。

13. 哪些人不适合食用蜂王浆？

蜂王浆是世界公认的唯一可供人类直接服用的天然超级营养品，且长期服用无任何不良反应。所以，一般来说，适合绝大部分人服用，有以下几种人群除外：

（1）过敏体质人群：极少数人在食用蜂王浆后会引起过敏现象，例如：皮肤、消化道或呼吸道等的不良反应。这并不是蜂产品的质量问题，而是过敏体质人群对海鲜或蜂王浆中的异性蛋白产生的过敏反应。因此，平时生活中吃海鲜容易过敏的人群，对各种蜂产品要慎重服用或尽量避免服用。

（2）正常发育的婴幼儿：对于体弱多病、营养不良及贫血症患儿，可用蜂王浆辅助治疗，这在国内外都有临床报道，但对于发育正常的婴幼儿，为避免营养过剩，慎服蜂王浆。

（3）孕妇：蜂王浆具有较强的生物学功能，胎儿在母亲体内发育时较容易受到干扰，所以孕妇不适宜服用蜂王浆。

14. 为什么蜂王浆备受女性的青睐？

蜂王浆有着“软黄金”之称，是营养丰富且全面的天然滋补品，备受女性的青睐，那么，它能给女性朋友带来哪些好处?

（1）抑制细胞色素沉积。女性喝蜂王浆能预防色素沉积引起的色斑，原因是蜂王浆中富含的抗氧化成分能清除体内的自由基并能抑制细胞色素的沉着，同时蜂王浆中富含的活性物质能激活体内的酶系统并能分解色素，因此女性经常喝些蜂王浆能预防色斑且有一定的祛斑效果。

（2）减缓皮肤衰老速度，使容颜更美丽。女性喝蜂王浆能有效减缓皮肤的衰老速度，原因是蜂王浆中富含的营养成分不但能改善肌肤的新陈代谢功能，满足皮肤的营养需要，还能清除肌肤细胞中过多的自由基（导致人体衰老的元凶）。另外蜂王浆在防止皮肤中胶原纤维和弹性纤维变性上也有着极为不错的效果，使食用蜂王浆的女性皮肤变得红润而有光泽。

（3）预防和调理妇科疾病。蜂王浆里面有独特的王浆酸，这种物质不但可以消炎杀菌，还有增加身体抗病能力的作用。另外蜂王浆中也有大量激素存在，可以预防女性内分泌失调，也能保护卵巢，增强卵巢功能，避免月经不调、经期腹痛、卵巢囊肿及多种更年期综合征等妇科病的发生。

（4）预防和调理女性贫血。蜂王浆中富含的铁、铜、锌等矿物质有改善造血功能的作用，同时蜂王浆中富含的维生素能促进机体对铁元素的吸收，另外蜂王浆中富含的蛋白质、氨基酸、糖类等对强壮造血系统也有着积极的作用，让人体中造血细胞的数量增加，从而起到预防和调理贫血的作用。

（5）调节体内激素平衡。蜂王浆中含有丰富的雌二醇、睾酮、孕酮等激素，而女性的很多问题是体内激素失衡所导致的，因此食用蜂王浆可弥补体内激素的不足，从而维持正常激素水平并促使机体正常新陈代谢及内分泌。

15. 喝蜂王浆会增大怀孕概率吗?

蜂王浆在蜂群中是用于哺喂蜂王的，可使蜂王的雌性器官大量产生卵细胞，故在临床上十分适用于提高女性的生理机能，用于性功能衰退、不孕症等疗效显著。且由于蜂王浆含有一定量的促性腺激素，服用后对男性和女性均有提高性欲望和性能力的作用。

蜂王浆还可以提高精子的活力，这是因为蜂王浆中的三磷酸腺苷（ATP）及果糖，为提高精子活力提供了最好的能源。蜂王浆对精子的形成和成熟有很强的促进作用。蜂王服用蜂王浆一个晚上可以产卵达到2000颗，比它身体还重两倍以上，可见蜂王浆在提高生育能力方面的神奇效果。在加拿大一个养蜂师傅把王台扔在地上，结果母鸡啄食里面的蜂王浆，第二天就生了一个异乎寻常的大双黄蛋。

16. 男性也能食用蜂王浆吗？服用后有哪些好处?

有的人误以为蜂王浆中雌激素含量高，男性服用会女性化，其实，这种担心是完全没必要的。蜂王浆中的雌、雄激素含量远远低于人们日常食用的肉、禽、蛋、奶等食物，所以，男性服用蜂王浆同样是有益无害的。

那么男性服用蜂王浆有什么好处呢?

（1）缓解关节炎。蜂王浆中含有一种类似溶菌酶的成分，此成分对多种细菌和病毒有杀灭和抑制作用。

（2）对前列腺有辅助调理作用。蜂王浆可以滋补强身，益肝健脾，适用于患有慢性前列腺炎以及病后体虚、营养不良者。

（3）预防癌症。实验证明，蜂王浆能抑制癌细胞扩散，使癌细胞发育出现退行性变化，对癌症起到很好的预防作用。蜂王浆中的癸烯酸可抑制癌细胞的生长，目前在癌症的治疗中，加大蜂王浆的服用剂量（每天超过 30g）可减轻化疗、放疗的不良反应，促进机体正常细胞的再生，调整机体免疫功能，进而改善机体内环境和提高抗癌能力。

（4）改善男人的亚健康状态。所谓亚健康，可简单理解为健康的透支状态。由于生活工作压力加剧，目前处于亚健康状态的男性约占人口总数的 25%。亚健康状态主要表现为精力不足，食欲减退，疲劳困乏，睡眠障碍，注意力分散，记忆力下降，颈、肩、腰、膝酸软疼痛，性功能低下等。

（5）提高男性性功能。蜂王浆具有不凡的养生功效，吃了能够强身健体、增强身体的免疫力、防老抗衰老等。而且蜂王浆含有各种氨基酸，其中天门冬氨酸能促进身体发育，刺激生殖能力，提高性功能，对恢复生殖功能很有帮助。

17. 健康人群食用蜂王浆对身体有什么帮助?

世界卫生组织认为，“健康不仅仅是没有疾病，而且是一种在身体上、精神上和社会适应能力上的完好状态”。按照这个标准来衡量，真正意义上的健康人群比例并不高，特别是人到中年以后，尽管没有什么不舒服的感觉，但是，机体的免疫力实际上在逐步下降，体内的自由基在逐步增多，脂质过氧化物在逐步积累，体内毒素也在增加，细胞会逐步失去活力，血管逐步老化、硬化，进而导致人体衰老和一系列疾病的发生，而蜂王浆的功效正好解决这些问题。

服用蜂王浆，会逐步强化机体的免疫功能，排除体内毒素，清除自由基，软化血管，改善造血功能和血液循环，预防多种疾病，推迟衰老进程，对增强体质、预防疾病、延年益寿都有益处。

18. 儿童可以食用蜂王浆吗?

儿童是否可以食用蜂王浆，要看具体情况而定。既不能说儿童一定不能服蜂王浆，也不能说所有儿童都能服蜂王浆。

凡是生长发育正常、身体健康、营养状况良好的儿童，没有必要服用蜂王浆等滋补品，只要做到饮食营养均衡就可以了。如果儿童自身的营养充足，再增加滋补品，反而对生长发育不利。

当然也有一些特殊情况，如体弱多病、身体素质较差、生长发育迟缓和营养不良的儿童，服用蜂王浆有促进身体发育的良好效果；还有一些用脑过度和学习压力大的青少年学生，可以在短期内食用少量蜂王浆，能够起到增强体质、提高智力的作用。

19. 长期食用蜂王浆会产生不良反应吗？

蜂王浆是高级滋补营养品，属于天然产物，正常服用不会产生任何不良反应。从现有国内外的蜂王浆研究文献和研究报告来看，尚未发现蜂王浆引起什么不良反应的报道。蜂王浆就像人乳一样，是健康、营养，且安全的。

20. 长期食用蜂王浆会发胖吗？

食用蜂王浆后，食用者食欲会明显改善，因此，有人提出蜂王浆是否会引起发胖的疑问。首先应从肥胖的原因来看，不能否认有些肥胖是遗传造成的，但大部分肥胖者的肥胖与遗传无关，而是由于食用的脂肪要比机体所需要的多得多，不良饮食习惯和久坐的生活方式也是导致肥胖的主要原因。科学研究还发现，肥胖并不完全是由营养过剩造成的，如果饮食中缺乏某些能使脂肪转化为能量的营养素，体内脂肪就不能转化为能量释放出来，只能逐渐积累在体内，以致形成营养缺乏性肥胖症。

日本东京都大学营养学家研究发现，肥胖的原因之一是 B 族维生素供应不足，因为 B 族维生素是机体脂肪转化为能量的媒介。而经常服用蜂王浆，虽然食欲增加，但由于蜂王浆含有全面的营养成分，不仅可为机体组织细胞的生长和修复提供丰富的原料，同时蜂王浆中生物活性物质对机体的各种生理功能具有很好的调节作用，使人体新陈代谢增强，特别是其所富含的 B 族维生素能促使机体脂肪转化为能量。因此，经常服用蜂王浆不仅不会发胖，对某些原因引起的虚胖，还会减轻体重，使虚胖消失，身体会变得更加结实、健康。

21. 鲜蜂王浆应该怎么食用？

（1）直接服用或舌下含服：①鲜蜂王浆可直接放入口中含服，慢慢咽下，让人体充分吸收，也可以用温水送服。②舌下含服是目前较好的鲜蜂王浆食用方式，主要通过舌下腺吸收蜂王浆中的一小部分氨基酸等小分子营养物质。

（2）与原生态蜂蜜兑服：直接食用鲜蜂王浆，很多人接受不了，因为蜂王浆中含有一种王浆酸，吃起来有一种辛辣、酸涩的味道。因此，可以根据自身需要，用纯正的蜂蜜按一定比例进行调配，这样可以掩盖蜂王浆本身的味道，吃起来口感会更好一些。

（3）蜂蜜、蜂花粉充分混合均匀食用：鲜蜂王浆除了可以和蜂蜜混合调配之外，还能够和蜂花粉混合，这样的话也会起到很好的美容效果，因为蜂花粉有美白祛斑的功能，而在加入蜂王浆之后，效果会更好。蜂王浆搭配油菜花粉、蜂蜜一起食用还有助于前列腺炎的治疗。

22. 鲜蜂王浆为什么不能用开水冲服？

因为鲜蜂王浆中丰富的生物活性物质对高温很敏感，即使在常温下保存都很容易发生变质、腐败，从而降低蜂王浆的营养价值。在阳光照射、气温 30℃以上条件下，鲜蜂王浆经过几十小时就会产生气泡、发酵，所含蛋白质等营养物质遭到破坏，也就是说高温作用下蜂王浆会失去食用价值。

而在冷冻条件下鲜蜂王浆中的生物活性物质则稳定，不会影响质量，在－18℃以下氧化停止，可保存几年质量不变。因此，鲜蜂王浆绝对不能用开水冲服，否则会破坏其有效成分而严重影响效能，如果要用热水冲服的话，也只能用35～40℃温开水，最好是直接服用蜂王浆后喝杯温开水，既简便效果又好。

23. 蜂王浆什么时候服用最合适？

蜂王浆一年四季都可以吃，在服用时间上也没有严格的要求，但为了利于蜂王浆中营养成分的吸收，最好空腹服用，因此，蜂王浆的最佳服用时间是早餐前1小时左右和晚上睡觉前1小时左右。

24. 蜂王浆为什么空腹服用效果好？

因为蜂王浆所含活性物质，对酸、碱、光、热、空气等很敏感，而纯净的胃液是一种无色的强酸性液体，pH为0.9～1.5。人在空腹时，仅分泌少量胃液，一般呈中性或弱碱性。因此，清晨空腹服用蜂王浆正好可以减少或避免胃液中盐酸对其中活性物质的分解破坏，可以充分发挥其有效成分的医疗保健作用。此外，清晨饭前服用蜂王浆后可畅通无阻，较快地进入小肠且易于被吸收。而饭后服用会由于腹内有大量食物存在，占用大量的消化液，食物也会阻碍蜂王浆成分与肠壁的接触。另外，蜂王浆与胃中存留食物相混合也会破坏其中的营养成分。

25. 炎热的夏天适合吃蜂王浆吗？

食用蜂王浆的消费者中，经常有人问到炎热的夏天是否适合食用蜂王浆。传统观念认为夏天不能进补，这主要是传统的补品如人参、鹿茸等，均是温热性质，适宜于冬天温补，夏天炎热，宜选择清补。

而蜂王浆性味平和，可调节机体新陈代谢和免疫功能，在炎热的夏季，气温高，人体出汗多，身体能量消耗大，加上睡眠不佳，吃饭没有胃口，服用蜂王浆是有好处的。长期的实践也证明了，在炎热的夏季，坚持食用蜂王浆，可以帮助调理睡眠，增进食欲，提高人体对高温环境的适应能力。

因此，在气温较高的夏天，也适合吃蜂王浆。

26. 蜂王浆每天食用量多少最合适？

蜂王浆每日吃多少是因人而异的，应根据自身需要及病症轻重来确定食用量，即食用人群不同、所需治疗病症不同，蜂王浆每天吃的量是不等的。

成年人保健食用量一般较小，改善身体亚健康状况的食用量要适中，治病则需要比较大的食用量，特别是治疗一些慢性病及疑难病时食用量要大。年轻人体质好的食用量可小些，年纪大、体质较差的食用量要大，治疗刚开始食用量要大，待病情稳定后可逐渐减少食用量。

根据蜂王浆的用途推荐具体食用量如下：如果是成年人保健食用，为了强身健体、延年益寿，每天吃蜂王浆 5g 即可，经常加班熬夜或长期在恶劣环境下工作，每天吃蜂王浆 5～10g 为宜；如果为了改善亚健康状况及治疗病情较轻的疾病，每天吃蜂王浆 10～20g 比较好，如果用于慢性病及重症病人的辅助治疗，每天吃蜂王浆 20～30g。

需要注意的是，服用蜂王浆应在每天早、晚空腹食用，并且要长期坚持才能收到预期的效果。不同体质的人根据自身身体状况适当增减用量，具体服用量可咨询医生，切勿胡乱服用而延误治疗或加重病情。

27. 蜂王浆食用多久有效果？

蜂王浆是一种营养保健食品，不像药品在短时间就有立竿见影的效果。蜂王浆对人体起的是补益和调理的作用，需要一段时间方能见效。

食用蜂王浆见效时间的长短首先与食用者本人有关，不同的人因身体条件和吸收能力的不同，见效时间也不一样。其次与所针对的病症有关，身体的一些慢性病和疑难病的调理肯定要比治疗常见病症的时间长；在则，每日服用量的多少与其发挥功效的时间也有关系。

对于蜂王浆在医疗保健中的效果，特别是对疑难病的治疗效果，有的患者是半信半疑，服用蜂王浆也是时断时续，三天打鱼两天晒网，特别是当服用几天后见不到明显效果，就放弃服用，这不能说明蜂王浆无效。因为蜂王浆是天然保健品，也有医疗功效，即药食同源，但显效一般较慢，没有速效性，尤其是用于治疗原因不明的疑难病及慢性病，断断续续服用是难以收到预期效果的，服用贵在坚持。

总之，服用蜂王浆不是短期行为，不可见好就收，应该长期坚持，服用期内最好不要断服，有的长寿老人甚至终身服用。

28. 为什么说服用蜂王浆贵在坚持？

蜂王浆是一种药食同源的滋补营养品，它并不等同于药品，不可能像服用药物一样，达到立竿见影、一蹴而就的效果。服用者希望通过蜂王浆来调理身体、辅助治疗疾病的话，更不能认为简简单单地服用几次或偶尔想起来了吃个几勺，就能达到理想的效果，这是不可能的。

想通过服用蜂王浆达到医疗保健的目的，最重要的就是长期坚持，尤其是针对疑难杂症和慢性疾病，不能三天打鱼两天晒网。蜂王浆对人体一般显效较慢，不具备药物的速效性，必须每天按时定量，长期不间断地服用，才能收到良好的效果。

29. 食用蜂王浆时应注意哪些事项？

（1）蜂王浆怕热，避免用开水冲服，否则会破坏它的活性物质而影响其功效。如需要冲服的话，只能使用40℃以下温、凉开水。食用蜂王浆最佳方法是直接食用后再喝点温开水，既简单效果又好。

（2）蜂王浆不能使用茶水送服，茶叶中含有的微量元素与蜂王浆会发生化学反应，可能会影响身体对蜂王浆中营养成分的吸收和利用。

（3）储存或食用时，不要用金属（不锈钢除外）器具，可选用陶瓷、搪瓷、玻璃、无毒塑料或木质器具，严防造成不良反应或污染。

30. 服用药物期间能食用蜂王浆吗?

蜂王浆原本就是蜜蜂饲喂蜂王的食物，是滋补身体的营养品。它含有多种人体必需的氨基酸、维生素、微量元素、乙酰胆碱以及王浆酸等丰富的营养物质，这些成分都是对人体有益的，不会与日常饮食、药品产生冲突。因此，食用蜂王浆不用忌口，也不必担心解药性或其他不良反应，只需注意服用蜂王浆与药物的间隔时间不少于半小时，保证蜂王浆营养的吸收即可。

31. 蜂王浆是否能和其他的蜂产品一起服用?

蜂王浆、蜂蜜、蜂花粉、蜂胶这几种蜂产品的营养成分、药理作用都有所不同，各具特色，它们既可以单独食用，也可以混合在一起食用。例如：按照合理的调配比例，可以将蜂蜜、花粉、蜂王浆调配成蜂三宝，就成了延缓衰老的复合型滋补营养品。食用由多种蜂产品混合调配的营养品，可以一举多得，同时补充人体必需而又无法自身合成的多种营养元素。

32. 蜂王浆适合糖尿病人食用吗?

糖尿病人是可以食用蜂王浆的，并且长期食用对糖尿病有不错的缓解和改善效果。临床证明蜂王浆可以通过对人体糖代谢的调节，明显减低血糖，对调理糖尿病效果显著。糖尿病的发生与糖尿病人自身胰岛素细胞受损导致功能失调有关，蜂王浆中含有与某些胰岛素一样的肽类，其分子量与牛胰岛素相同，所以蜂王浆可以通过这些肽类辅助改善糖尿病。

33. 疾病治愈后还需要继续食用蜂王浆吗？

众所周知，在治疗疾病时通常要服用西药或中药，治愈后就停止服用以免产生抗药性或不良反应。不过，蜂王浆并非如此。

蜂王浆对多种疾病虽然有很好的疗效，但它属于保健食品，服用后没有任何不良反应，也不会产生耐药性。因此，基于维持健康的需要，病治好后最好仍继续坚持服用，以巩固疗效。而且，长期服用保健剂量的蜂王浆，能使身体更健康，并起到延缓衰老的作用。

34. 蜂王浆防病治病的优势有哪些？

（1）蜂王浆具有标本兼治、既治病又滋补的功效。蜂王浆的独特组成使其在治疗疾病方面具有防病、治病和帮助康复等多重功效，既能从根本上增强体质，减少患病的可能性，又能对已经患上的疾病起到良好的辅助治疗作用，达到标本兼治的目的，这一点是普通的西药治疗法无法比拟的。更为可贵的是，用蜂王浆治病不但没有任何不良反应，还有滋补作用，这一点对病重体弱者尤为有利，因为一般的中医或西医治疗都是先治病，等到病愈后再慢慢进补，而使用蜂王浆却可治病、滋补同时进行。

（2）用蜂王浆治病疗效奇特，适应证广泛，能够多病同治。日本学者松田正义说：“人们誉蜂王浆为自有青霉素以来的宝药。”法国学者切米兹认为：“自然界尚未发现过像蜂王浆的物质，用如此小的剂量，而能产生如此好的效果。”蜂王浆虽不是百病皆治的灵丹妙药，但确实对几十种疾病具有治疗和辅助治疗作用。如对心脑血管、消化系统、神经系统、内分泌系统、免疫系统等的多种疾病以及外伤、皮肤病等均有良好的治疗和辅助治疗效果。

（3）用蜂王浆治病既安全、方便，又经济实惠。众所周知，使用中药或西药治病时，为达到较好的治病效果，禁忌很多，很多情况下要忌口；有些药物可能给人带来恶心、呕吐等强烈反应。而用蜂王浆治病时，这些担心都是多余的，无须忌口，日常饮食可以照旧，除极少数人对之过敏而不能服用外，大部分人可以放心地服用。蜂王浆的服用方法简单，可直接服用，无须像中药一样煎熬，入口也无难耐的苦涩味道。

（4）某些疑难病症的治疗几乎使普通收入的患者家庭倾其所有，尤其是采用一些新药和名贵药或者使用先进的治疗仪器和治疗手段时，所需治疗费用更是令人生畏。而用蜂王浆所需的费用则低得多，普通消费者也可以承受得起的。由此看来，蜂王浆虽然称不上是包治百病的"万能药"，但是与当今流行的其他保健品和药品比，仍具有很多优势。尤其是新鲜蜂王浆，具有直观的特点，是一种可以让消费者凭借自己的知识直接评判真伪、优劣的产品。

35. 服用蜂王浆控制疾病会不会再复发？

疾病的产生源于人体的代谢失衡紊乱，必须靠外力（药物）的帮助来建立新的平衡，使疾病得到治疗。新的平衡出现以后，在很多情况下靠自身的生理功能即可得到维持。而蜂王浆正是通过促进机体的代谢平衡和各种器官功能的改善，特别是促进免疫功能的增强，来使身体整体素质提高，达到既治标又治本的目的。因此，通过蜂王浆控制疾病，是不会再次复发的。

36. 为什么有人服用蜂王浆制剂后没有效果？

蜂王浆中含有丰富的生物活性物质，这些物质对光、热等外界条件很敏感，稍有不慎就有可能破坏其有效成分。因此，有些厂家就会通过某种生产工艺将鲜蜂王浆制成各种类型的制剂，以防止其有效成分的流失。

目前我国加工生产蜂王浆制剂的厂家很多，蜂王浆制剂品种也不少，服用后对人体能起到不错的效果。但为什么有些人在服用蜂王浆制剂后没有效果呢？原因可能有以下几点：一是制剂所含蜂王浆极少，甚至没有蜂王浆；二是加工工艺不合理，使蜂王浆的有效成分受到破坏。这样的蜂王浆制剂其实就是不合格的假冒伪劣产品，当然无效果。因此，消费者在购买时应谨慎小心，切勿盲目听信商家的宣传，应该选择可信赖的生产厂家及有信誉的品牌，以免上当受骗。

37. 为什么有的人吃蜂王浆会拉肚子？

服用蜂王浆后之所以出现拉肚子的现象，是因为服用蜂王浆时间不当。每次饭后，胃便分泌大量的胃酸来帮助食物消化，然而胃酸对王浆有一定的破坏作用，若此时服用王浆，则会刺激胃部，从而导致拉肚子。

38. 储存、携带鲜蜂王浆时应特别注意什么？

蜂王浆是比蜂蜜昂贵许多的蜂产品，蜂王浆中的活性物质比蜂蜜要多很多，但却极易失去活性和变质，所以，鲜蜂王浆在保存和外出携带的时候要特别注意。

外界因素对鲜蜂王浆的品质变化，起着决定性作用，好多自然因素足可导致蜂王浆变质腐败。根据蜂王浆的特性，归总起来，蜂王浆有“七怕”：一怕热、二怕光线、三怕空气、四怕细菌污染、五怕金属、六怕酸、七怕碱。以上因素对鲜蜂王浆的质量有着不同程度的影响，在贮存过程中稍有不慎就会变质。

鲜蜂王浆对热特别敏感，夏季在常温下放一日，其新鲜度便明显下降，常温下存放几十小时便有发酵现象，再持续下去就会腐败变质。光线对蜂王浆犹如催化剂，对其醛基、酮基可起还原作用；空气对鲜蜂王浆能起氧化作用；水蒸气对鲜蜂王浆起水解作用。蜂王浆呈酸性，与金属起化学反应，在碱性物质中可以溶解。蜂王浆能抑制或杀灭细菌，但对酵母菌特别敏感，在一定条件下极易发酵变质。蜂王浆的这些特点，给贮存带来一定困难。因此，要想存放鲜蜂王浆，方法必须得当。

39. 新鲜蜂王浆应该怎么保存？

新鲜蜂王浆应装入棕色瓶中密封保存，将其放在家用冰箱的冷冻室内，温度保持在 -10℃以下，可保存 2 年不变质，冷冻保存蜂王浆可以达到长期保鲜的目的。实践证明，在 -7 ~ -5℃条件下，存放一年，蜂王浆的成分基本没有变化，在 -18℃的条件下可存放数年，不会变质。为了食用方便，可以用小塑料瓶进行分装，将 1 ~ 2 个星期用量的蜂王浆放在冰箱的冷藏室，其他的放在冰箱的冷冻室。

40. 鲜蜂王浆为什么必须低温保存？

蜂王浆中所含有的活性肽、激素、酶等生物活性物质，其生物活性不稳定，在光、空气、温度、湿度、加工和保存方法等条件影响下，均易受到破坏，特别是温度易影响其保健和治疗作用。在零上温度储藏蜂王浆，会使它很快失去生物活性，丧失活性的蜂王浆也就丧失了其本来的价值。

中华人民共和国农业部发布的《中华人民共和国农业行业标准：无公害食品蜂王浆与蜂王浆冻干粉（NY 5135 -2002）》中规定，蜂王浆应在 -18℃以下低温保存，保质期可以为 24 个月。只有采取低温冷冻保鲜措施，才能保证蜂王浆的质量，从而发挥其应有的营养保健和医疗作用。

41. 冷冻后的蜂王浆为何会出现结晶颗粒？

正常情况下，新鲜优质的蜂王浆应为乳白色或淡黄色，而且整瓶颜色应均匀一致，有明显的光泽感，呈微黏稠乳胶状，为半流体，外观酷似奶油，不含杂质，没有结晶。

但是，由于蜂王浆中的有机酸主要是王浆酸（10－HDA），在低温时有结晶析出，特别是在－24～－2℃时极易结晶，使蜂王浆呈颗粒结晶状。实践表明，鲜蜂王浆采集后立即冷冻，则王浆酸不易结晶，如果在室内存放，易形成结晶，室内存放的时间越长，冷冻后的结晶颗粒也就越明显。

42. 鲜蜂王浆怎么解冻才不会破坏其营养成分，不解冻能直接吃吗？

首先，从冰箱里取出的冷冻鲜蜂王浆，完全可以不需要解冻直接服用。使用不锈钢勺子微微用力舀取，放入口中含服，慢慢咽下即可。有的服用者在操作的过程中，可能会觉得这种服用方式不易舀取，食用不便。那么，可以在冷冻之前，将已解冻的鲜蜂王浆与蜂蜜按照1∶1的比例进行配制，然后再放入冰箱中冷冻存储。这个方法冷冻存放的王浆蜜就容易舀取，食用也方便，同时也改善了蜂王浆原本酸、涩、辛辣的口感。

有一部分人不太习惯入口太冷的食物，直接服用冷冻的鲜蜂王浆会给他们造成一定的口腔不适，那么，就需要先将鲜蜂王浆解冻。正确解冻的方法有：第一，可以将冷冻的鲜蜂王浆放到冰箱的冷藏室，等待其慢慢解冻；第二，可以将装有冷冻鲜蜂王浆的容器，放在凉水中浸泡，让其自然解冻，如果是放置于流动的水中，可加快其解冻的速度。值得注意的是，绝对不能使用热水浸泡、锅炉蒸煮或放在阳光下暴晒等高温解冻方式，这样会破坏蜂王浆中的营养成分。

43. 蜂王浆反复冷冻、解冻会产生有害物质吗？

鲜蜂王浆必须冷冻保存，而一些服用者在每次食用时习惯将冷冻室的鲜蜂王浆转移到冷藏室稍微解冻后再食用，因此，有人提出疑问：蜂王浆经常反复冷冻、解冻是否会破坏其营养成分，甚至产生有害物质？

可以肯定地回答，答案是否定的。研究表明，在重复冷却和解冻的过程中，蜂王浆一直处于低温状态（基本在0℃下），这种低温下多次解冻，王浆中的各种分子运动非常缓慢，不会发生任何剧烈的化学变化，对其有效成分和功效的影响可忽略不计，也不具备产生有毒有害物质的条件。严格来说，这种蜂王浆的“解冻”不如说是“解硬”，因为蜂王浆并未解冻到原始状态。

另外，蜂王浆是一种营养物质，没有细胞和细胞膜，而非细胞对温度的反应较迟钝，因此，这种低温下多次解冻对王浆影响甚微。总之，到目前为止，国内外的各种研究证明，这种低温下多次解冻对蜂王浆的成分和功效并无不利影响，也不会产生有毒和有害物质。

44. 蜂王浆应该用什么容器盛装？

盛装蜂王浆的容器很有讲究，并非什么容器都可以，特别是不可用金属容器，如铁、铝、铜等金属容器盛装，这类容器易与蜂王浆发生反应，从而导致变质。盛装蜂王浆也不宜用透明容器，以暗棕色玻璃瓶或乳白色、无毒专用塑料瓶为宜。使用前，容器要洗净、消毒并晾干。消毒可采用乙醇浸洗的方法，也可高温蒸、煮消毒。盛装蜂王浆时，容器可以装满，尽量不留空间，口盖要拧紧，外用蜂蜡或橡皮膏密封，减少与空气接触，避免发生氧化反应。

45. 购买蜂王浆应该注意什么?

蜂产品市场鱼龙混杂、良莠不齐，伪劣品屡见不鲜，消费者在购买时需要多加注意。有条件的可以直接到养蜂场，购买刚采集的鲜蜂王浆。当然关键是要选择信誉好的蜂产品品牌或蜂产品专卖店，特别是信誉可靠的知名品牌，以防上当受骗。

（1）选择时应仔细观看产品的标签，产品标签上必须标明生产厂家、地址、电话、产品名称、产品标准（质量等级）、生产许可证号、保健食品批文号等信息，详细了解产品的质量情况，并逐一核实。

（2）选择有固定销售点、知名度高、信誉好、生产资质齐全的专业企业的蜂王浆产品。不宜选择流动商贩销售的蜂工浆产品。不能选择没有生产资质的蜂王浆产品。

（3）鲜蜂王浆销售点一定要有低温冰柜，蜂王浆应保存其中，不是用低温冰柜保存的蜂王浆，容易变质。

（4）蜂王浆味酸、涩、辛辣，但没有甜味，新鲜蜂王浆还应有独特的香气。

（5）蜂王浆中不应有杂质，如幼虫的尸体碎片、蜡渣等。但有少量细小的白色或无色结晶体，属正常现象。

（6）根据自己的健康状况和个人消费习惯选择适合自己的蜂王浆剂型。

46. 怎么分辨真假蜂王浆?

（1）闻气味：真蜂王浆有一股酸味，还伴有一股辛辣的味道，并且很浓。如果蜂王浆闻起来有一股香甜的味道或者奶味，那么无疑就是假蜂王浆了。

（2）验纯度：这种方法需要准备一些碱性液体，然后把蜂王浆倒入

20%纯度的碱性液体，充分均匀搅拌，如果全部融合了，最上层也没有任何的漂浮物，说明是真的蜂王浆。如果不能充分融合，且有漂浮物，那就是假的蜂王浆了。

（3）看状态：一般鲜蜂王浆呈乳白色或淡黄色，不易流动，有光泽感，无气泡。如果颜色偏黄，无光泽，则该蜂王浆保存时间过长或是产地稍差，如蜂王浆中出现密密麻麻的小气泡，则该蜂王浆已发酵，活性酶已分解，失去其营养价值。如果蜂王浆中有冰状结晶体，且吃时有沙沙的感觉，则说明该蜂王浆中水分过多，价值较低。

（4）测酸碱：在辨别真假蜂王浆时，还可以通过测酸碱值来判断，需要准备碘酒来检测蜂王浆的真假。真蜂王浆在遇上碘酒时，颜色会变成红色或者是黄色。而掺了淀粉或者掺了牛奶的假蜂王浆在遇到碘酒后，颜色则会变蓝色。这是最容易的一个方法。

（5）尝味道：真蜂王浆的味道很特殊，感觉先是酸，后是涩，同时咽喉有一种辛辣的感觉，吃起来没有蜂蜜香甜。当你在辨别真假蜂王浆的时候，如果吃起来没有苦涩和酸酸的感觉，只是甜甜的，那么这肯定是掺了假的蜂王浆。

（6）查资质：好的生产厂家对王浆的保鲜比较重视，王浆的新鲜程度取决于它从蜂巢到产品包装内的时间，时间短的营养保存得更全面。我国对王浆的销售检测是比较严格的，正规的商家应有营业执照、卫生许可证、税务登记证，在王浆产品包装上必须有厂家厂址、商标、中国或国际批准文号以及生产日期。

47. 有什么方法能鉴别出掺假的蜂王浆？

（1）掺有糊精、合成浆精的蜂王浆鉴定：用筷子插入浆中，拉出后形成丝体，显得黏稠。纯蜂王浆不易形成丝体。

（2）掺有蜂蜜、蔗糖的蜂王浆鉴定：取少许放在舌面上品尝，明显感到甜味；也可用化学法测定含糖量的多少，可鉴别出是否有低级糖类化合物掺入。正常蜂王浆中含还原糖为20%，甜味不太高。

（3）掺有乳制品蜂王浆的鉴定：取少许蜂王浆，加适量水煮沸，冷却后加少量食盐，即刻出现絮状沉淀物者，表明有乳制品掺入。

（4）掺有花粉球、玉米面蜂王浆的鉴定：用手捏能感到有坚硬的块状物，把这些颗粒放在一玻璃片上，在酒精灯上烤一下，不会熔化，说明有类似花粉球、玉米面物质掺入。

48. 蜂王浆产品都有哪些剂型？

目前市场上有多种蜂王浆的产品，比较常见的剂型有以下几种：

（1）鲜蜂王浆：指从蜂群中直接采集的蜂王浆，简单过滤后，进行包装、冷藏和销售，最大限度地保留了蜂王浆的营养物质。

（2）蜂王浆冻干粉：将鲜王浆通过真空冷冻干燥，使王浆中的水分升华，制成蜂王浆冻干粉，既能有效保存蜂王浆的活性物质，又便于食用和贮存，还可以此为原料制成片剂、胶囊等其他剂型的产品。其活性稳定，临床结果证明与鲜王浆有着相同的效果，是一种比较理想的制剂。

（3）蜂王浆胶囊：有硬胶囊和软胶囊，食用和携带都很方便，常温贮存，也避免了一些人对蜂王浆口感的不适应。

（4）蜂王浆片：由蜂王浆冻干粉压制成片，食用和贮存方便。

（5）蜂王浆口服液：以鲜王浆为原料，有时还配伍其他中药制成，口感好，保存和携带都较为方便。

消费者可以根据自身需求选择不同剂型的产品，值得注意的是，不同剂型的蜂王浆产品所保留的营养和活性物质含量不同，因此，虽然服用了同样剂量的产品，但有可能保健作用会大不相同。